国内贸易部部编中等技工学校烹饪系列材料

筵 席 知 识

宋锦曦 主编

中国商业出版社

图书在版编目（CIP）数据

筵席知识/宋锦曦主编.—北京：中国商业出版社，1995.1（2021.1重印）

ISBN 978-7-5044-1306-2

Ⅰ.筵… Ⅱ.宋… Ⅲ.饮食，筵席—供应技术—教材 Ⅳ.TS972

中国版本图书馆 CIP 数据核字（94）第 12011 号

责任编辑：刘毕林

中国商业出版社出版发行
（100053 北京广安门内报国寺 1 号）
新华书店经销
三河市天润建兴印务有限公司印刷
*
850 毫米×1168 毫米 32 开 3.875 印张 80 千字
1995 年 1 月第 1 版 2021 年 1 月第 17 次印刷
定价：10.00 元
* * * *
（如有印装质量问题可更换）

编审说明

国内贸易部部编中等技工学校烹饪系列教材是为了更好地为我国社会主义市场经济建设服务,主动适应我国第三产业迅速发展需要和人民饮食结构的变化,大力提高烹饪职工队伍素质,由我司根据《中华人民共和国职业工种分类目录》和有关教学文件的要求,组织有关烹饪高级讲师、特级烹调师和长期在教学第一线任教的教师编写的。经审定,可作为国内贸易部系统中等技工学校教材,也可作为职业中学、中级技术等级培训教材和企业职工自学读物。

《筵席知识》是烹饪系列教材之一。由湖南省饮食服务技工学校高级讲师宋锦曦任主编,并编写第一至六章,附录由山东省服务技术学校特级烹调师王振才编写。最后由有关专家教授集体审阅。

在编写过程中得到了许多学校领导和教师的大力支持,在此一并致谢。由于编写时间仓促,水平有限,缺点疏漏在所难免,请广大读者提出宝贵意见,以便进一步修订完善。

国内贸易部教育司
一九九四年十月

目 录

第一章 绪论 …………………………………………… (1)
　第一节 筵席的意义和作用 ……………………… (1)
　第二节 筵席的起源及其发展过程 ……………… (2)
　第三节 西餐在我国的发展简况 ………………… (11)
第二章 中式筵席 ……………………………………… (13)
　第一节 中式筵席分类及特点 …………………… (13)
　第二节 古典名席 ………………………………… (14)
　第三节 各式全式筵席 …………………………… (25)
　第四节 地方风味筵席 …………………………… (33)
第三章 西式宴会 ……………………………………… (40)
　第一节 西式宴会的分类及特点 ………………… (40)
　第二节 各式西式宴会 …………………………… (42)
第四章 筵席设计 ……………………………………… (47)
　第一节 筵席配置的一般要求 …………………… (47)
　第二节 筵席内容的组合 ………………………… (51)
　第三节 西式宴会内容组合 ……………………… (54)
　第四节 食品雕刻在筵席中的运用 ……………… (55)
第五章 筵席组织与实施 ……………………………… (57)
　第一节 筵席菜肴制作前的准备工作 …………… (57)
　第二节 筵席摆台 ………………………………… (60)
　第三节 筵席上菜程序 …………………………… (61)

第六章　筵席的继承与改革 …………………………………（68）
　　第一节　筵席的继承与创新 …………………………………（68）
　　第二节　筵席的改革 …………………………………………（69）
附录　四大菜系筵席实例及特色菜介绍 ……………………（72）

第一章 绪 论

第一节 筵席的意义和作用

一、筵席的意义

筵席，又称燕饮、会饮、筵宴、酒宴、宴席、酒席、宴会和酒会。它是人们为着某种社交目的需要，根据接待规格和礼仪程序精心编排的一整套菜点，故称之为"菜品的组合艺术"。筵席知识实际上包括筵席的准备工作，菜点的制作与餐室服务前后承接的三个重要环节，是烹饪技艺的集中反映，也是名菜、名点的汇展和饮食文明的高度表现形式。

古人席地而坐，筵和席都是宴饮时铺在地上的坐具。筵长，席短。贾公彦在疏《周礼·春官·司几筵》时指出："凡敷席之法，初在地一重即谓之筵，重在地上者则谓之席"。《礼记·乐记》《史记·乐书》都曾记述古代"铺筵席，陈尊俎"的筵席情况。从此，筵席一词逐渐由宴饮的坐具演变为酒席的专称，并一直沿袭至今。

因此，筵席就是指宴饮时，陈设的坐具和准备好的酒席。是宴会的基本物质条件。

二、筵席的作用

筵席的起因，与远古的祭祀、礼俗和宫室起居有着密切关系，与日常饮膳有着明显的区别。具体表现在三个方面：

1. 聚餐式：指筵席的形式。它是多人围坐畅谈、愉情悦志、下觞醉月的一种进餐方式。赴宴者有主宾、随行、陪客和主人，主人是东道主，主宾是中心人物。气氛隆重，又有一定目的，所以菜点极其丰盛，接待礼貌热情，不像平常吃饭那样简单随便，"礼食"气氛颇浓。

2. 规格化：指筵席的内容。既然是盛宴，就必然要求肴馔配套，庖制精细，餐具美观，仪程井然。整个席面考究，冷碟、热炒、大菜、甜食、汤品、饭点、蜜果、茶酒，均按一定比例组合，依次推进，形成一定的格局和规程，因时制宜，因人而变，饶有情趣。

3. 社交性：筵席是社交活动的一个重要物质条件。《礼记》说："酒食所以合欢也"。正乃此意。凡属客治宴皆有明显目的：红白喜事，亲朋团聚，接风饯行，乔迁开业，疏通关系，酬谢恩情，国家庆典，国际交往以及欢度佳节等。总之，通过它，加深了解，敦亲睦谊。

第二节　筵席的起源及其发展过程

一、筵席的起源

中国的筵宴约产生于四千年前。在新石器时代，先民对许多自然现象和社会现象无法理解，从而产生了天神旨意、祖宗魂灵等原始信仰和各种祭祀活动。要祭祀，先得有物品表示心意，于是祭品和陈放祭品的礼器应运而生。先秦时期，最隆重的祭品是牛、羊、猪三牲组成的"太牢"，其次为羊、猪组成的"少牢"，这是王室祭奠天神或祖宗的。礼器有木制的豆，瓦制的登，竹制的笾，青铜制的尊、俎、鼎、簋等。每逢大祀，还要击鼓奏乐，诵诗跳舞，宾朋云集，礼仪隆重。祭祀完毕，若是国祭，君王则将祭品分赐给大臣；若是家祭，至亲好友便将祭品分享，于是祭品转化为筵席上的菜品，礼器演变成筵席餐具，筵宴初具雏形。

古代筵宴多在室内进行，设筵的形式受厅堂制约。秦以前，房屋大多坐北朝南，前面是行礼的"堂"，后面是住人的"室"，房屋建在高台之上，台下有阶，四周围以矮墙或篱笆，古人筵宴时"降阶而迎""登堂入室"等礼节的出现，与这种住房建筑格式不无关联。夏商周三代，先民还保留着原始人的穴居遗风，把竹草编织的席子铺在地上供人就座。按照古时习俗，堂上的座位以南为尊，室内的座位以东为上。古代的席大可坐2~3人，小的仅坐1人。古先民治宴，最早为一人一席。室内座具除席之外，还有筵，两者的区别是：筵大席小，筵长席短，筵粗席细，筵铺地面、席铺在筵上。若是筵与席同设，一示富有，二示对客人尊重。

先秦的家具中尚无桌椅，只有床、几。河南信阳长台关楚墓出土的木床，高仅19厘米，只供眠息；几也矮，有多种，其中一种是作为老人长跽时的依凭之物。还有，古代的餐具多陶罐铜鼎，形似香炉，体积甚大，有的一次可煮肉10多斤，乃至数10斤，端放食物的托盘叫"案"，木制，长方形，有足，仅能放一鼎，抬着搁置筵上。因此，先民赴宴，实际上是"跽"在席上，对"案"面"鼎"而食。由此所制约，菜点不多，一般是一人一鼎，德高望重的老人和贵族王侯，方能三鼎或五鼎。若想摆出"陈馈簋"的席面，势必"席前方丈"。直到汉魏时期，在西域座具马扎子（折叠凳）的启发下造出了简单的座具，先民才可以"正襟危坐"，从容宴客了。

二、筵席的发展过程

中国筵席滥觞不迟于虞舜时期，经过夏商周三代孕育，到春秋战国已具雏形。汉魏六朝，它在席位、陈设、礼仪以及菜点的质与量上不断演化，进入隋唐宋元已更具规范。明清两代，筵席有了较大发展，更为强调席面编排，肴馔制作，接待礼仪和燕饮情趣，充分显示出中华民族饮馔文明一个侧面的特色。

（一）夏商周春秋战国时期

先秦时期《周礼》《礼记》等书记载，虞舜时期已出现"燕礼"。这是一种敬老宴，每年举行多次，慰问本族耆老或外姓长者。其形式是先祭祖，后围坐，吃些狗肉，饮点米酒，较为简朴。

1. 夏朝。这一时期，敬老之风尚存，并且增添了"飨礼"。这种飨礼，菜品稍多，酒不多喝，仍体现一种敬老的传统。夏启袭位后，还曾在钧台（今河南禹县北门外）举行过盛大宴会，招待众部落酋长。

2. 殷商时期。"殷人尊神，率民以事神，先鬼而后礼"。筵宴在祭神活动中得到发展。殷人嗜酒，喜好群饮，菜品已较前丰盛。那时的餐具多按1~3人一席设计，除了碗、勺、杯外，其余都是共用，并且盘、豆、盆、钵的圈足与器座高度，正与席地而坐者的位置相适应。纣王当政，荒淫无道，搞起酒池肉林大宴，"使男妇倮，相逐其间，为长夜之饮"，开了冶游夜宴的先河。

3. 周代。筵宴变化甚大。由于周人"事鬼敬神而远之"，酒席名正言顺为活人而设，有"燕礼""大射礼""食公大夫礼""乡饮酒礼"诸多名目，祭祀色彩已逐步淡化。特别是接受夏、商亡国的教训，对饮酒加以节制；同时周公制礼作乐，严格按等级确定筵宴规格，酒席较前正规多了。周天子用膳须准备6种粮食，6种牲畜，6种饮料，8种珍馐，120种菜品和120种酱。诸侯请士大夫赴宴，有正菜32道，加菜12道。至于乡饮酒礼，这是敬老宴的发展，三年举行一次，60岁享用3道，70岁享用4道菜，80岁的享用5道菜，90岁享用6道菜。这即是以菜品数量衡定筵宴等级的始源。其接待程序也相应得到发展。包括谋宾（确定名单），戒宾（发柬邀请）、陈宾（布置餐厅）、迎宾（降阶恭候）、献宾（敬酒上菜）、作乐（唱诗抚琴）、旅酬（挽留客人）、无算爵与无算乐（连续欢宴）、送宾（列队乐奏）以及次客人登门答谢等。

4. 春秋时期。礼崩乐坏，士大夫也敢"味列九鼎"，席面的限制不那么严格了。这时诸侯有筑台宴乐的风气。重陈设，坐的席子有莞席、藻席、次席、蒲席、熊席五种，扶的矮几也有玉几、雕几、彤几、漆几和素几的区别。

5. 战国时期。宴乐更甚。《招魂》《大招》中抬亡灵用的菜单客观上反映出楚地筵宴的情况。《招魂》中的席单列出楚地主食4种、菜品8种，点心4种和饮料3种；《大招》的席单列出楚地主食7种，菜品18种和饮料4种。它们组合适当，衔接自然。在席面设计上跃上了新的台阶。湖北随县曾侯乙墓出土的青铜冰鉴、炙炉、九鼎八簋和髹漆食具箱，还有金质酒器，都是与著名的65件大编钟配套的宴飨实物，从其典雅精美的程度可以看出2400多年前的中国筵席餐具已经具有很高的审美价值了。

（二）秦汉魏晋南北朝时期

1. 秦朝。这一时期的筵宴也有所发展，特别是咸阳和巴蜀，天下12万富豪汇集，饮食市场繁荣，民间的婚寿喜庆酒筵都操办得较为隆重。

2. 汉朝。初期的燕饮较为简单,后来国力殷实、宴乐又蓬勃兴起,并且注重规范了。此时多在高堂上敷设帷帐,酒筵摆在锦幕之中。器物由厚重趋向轻薄,多以漆器为主。从四川德阳出土的"宴客画像砖",成都出土的"宴饮使乐画像石",广汉出土的"市井酒楼画像砖"以及"庖厨俑"上还可看到,那时仍是两三人席坐对饮,有侍者斟酒布菜,有乐伎表演歌舞。至于民间,礼乐宴请之风也盛。

3. 魏晋时期。"文酒之风兴盛"。曹操筑"铜雀台",曹丕筑"建章台"和"凌云台",曹植宴"平乐观",张华设"园林会",虽然都出自以文会友,网罗人才的目的,但这些以文会友的雅境、雅情、雅菜、雅趣,对中国筵席的健康发展有着积极的深远影响。

4. 南北朝时期。筵宴的演变有三大特点:①出现类似矮桌的条案,改善了就餐环境与卫生条件;同时朱墨相间的漆质餐具大放光华,这不仅控制了菜品的分量,而且也为摆台技艺的发展提供了条件,使筵宴逐步趋向小巧雅丽。②筵宴名目增多,目的性增强。像帝王登基宴、封赏功臣宴、省亲敬祖宴、游猎宴、登高宴、汤饼宴、团年宴等,都各自呈现出不同的特色,这对中国筵宴种类多样化起到了促进作用。③随着佛教的流行,信徒吃斋之风盛行。在此基础上,京畿地区和江南孕育出早期的素席(如凌虚宴,浴佛宴等),充实了中国筵宴内容,使中华民族饮食民俗日益丰富多彩。

(三)隋唐五代宋金元时期

1. 隋朝。整个隋朝经历的时间较短,酒筵承上启下,属于过渡时期。

2. 唐及五代。由于封建经济飞跃上升,科学文化相当发达，对外交流频繁，国力空前强盛，筵宴的发展进入了一个全新时期。①出现了高桌和交椅，铺桌帷、垫椅单，开始使用细瓷餐具。从《韩熙载夜宴图》看，贵族仍是1~3人一席，有丝竹佐饮，肴馔济楚，陈设雅丽，礼食的情韵较前浓厚。②讲究借景为用，妙趣天成。像唐玄宗在长春殿举行的临光宴，扬州官府举行的争春宴，白居易在水上举行的游篓宴，以及樱桃宴、红云宴、避暑宴等，或观灯、赏花、泛舟、玩景都注重情感愉悦和心理调适，追求一种高雅格调。③唐中宗时出现大臣拜官后向皇帝进献烧尾宴的惯例。这种筵宴菜种多达五六十道，为宋、清两代大宴的调排奠定了基石。④筵宴用料已从山珍扩大到海味，由禽兽拓展到异物。其烹调工艺也精细多了。⑤乡土风味筵席层出不穷，孟浩然写的襄阳村宴，李白写的安陆乡宴、杜甫写的长安家宴，后蜀主李昶之妃花蕊夫人写的成都船宴，都是以其特异的情采取胜。⑥孕育在春秋、演化在汉魏的酒令，在此时发展极快，士农工商无不都以这种佐饮助兴的词令和游戏为乐，使得酒宴的气氛更为欢悦。

3. 宋金时期。名宴更多。有宋仁宗大享朋堂礼、宋太宗玉津园盛宴、宋度宗寿宴、天基圣节大席、西湖游宴等。此类大席，很重铺排，像集英殿举行的宋皇寿筵，仅摆设就有仰尘、徽壁、单帷、搭席、帘幕、屏风、绣额、书画等10余种，以饮九杯寿酒为序，上20多道菜点，演10多种大型文娱节目，动用数千人张罗。再如清河郡王张俊接待宋高宗及随员，按职位高低摆出6种席面，仅皇帝计有200道菜点，连侍卫也是"各食五味"，每人羊肉1斤，馒头50个、好酒1瓶。在饮食市场上，这时出现了专管民间吉庆宴会的"四司六局"。它们分工合作，任凭呼唤，把备宴的一切事务都承揽下来，有利于筵席的发展。此外，由古时的饤饾演变而来的"看盘"，这时也出现在酒筵上，为席面生色不少；并且汴梁、临安的正店大都使用清一色的银质和细瓷餐具，这种气派更是前所未有的。

4. 元朝。酒筵被赋予了浓郁的蒙古族食风和北方草原气息。首先，菜品多为羊馔，奶食，适当辅以其他荤素料物，烹制技法也是烧烤为主，崇尚鲜咸。元代大型烤肉席，筵席菜饭和整羊宴都是如此。南方酒筵尽管重视鱼鲜，但是羊、奶菜品仍然占有较大比例。其次，烈酒用量甚大，多用"酒海"盛装。再次，在宋时看盘的启迪下，筵席增设了小果盒、小香炉、花瓶等装饰物，供酒客观赏。元人还特别重视祭筵。宫廷所用祭品常由得力大臣亲率猎队，专门捕获纯马、红牛、白羊、黑猪和黄鹿上供，敬献六蒸六酿的马奶酒，庄严肃穆。此外，元代还有一种特殊的诈马宴，它由宫廷或亲王在盛大节庆时举行，摆全羊大菜，用象舞助兴，欢聚数天。与宴者必须穿皇帝赏赐、由回族织衣匠制作的图色"质孙服"，一日一换。

（四）明清时期

筵宴发展到明清，已日趋成熟，展示出中国封建社会晚期的饮食民俗和文化风情。

1. 餐室布置富丽堂皇，进餐环境雅致舒适。红木家具问世后，八仙桌、大圆桌、太师椅、鼓形凳，都被用到酒席上来。桌披椅套缝制讲究，不少还用丝绸锦缎刺绣而成。为了便于调排菜点，攀谈和祝酒布菜，此时安位多为六人席、八人席和十人席的格局，主宾、随从、陪客和主人的席位有许多讲究。明代有对号入座的"席图"，清代在主宾背后放雕漆或螺钿屏风，主宾正面摆穿衣镜，以示尊重。设席地点大多是春在花榭，夏在乔林，秋在高阁，冬在温室，追求"开琼筵以坐花""飞羽觞而醉月"的情趣。在台面装饰上，已由摆设装饰物发展成看席。隆重的还有吃席与看席并列。像乾隆皇帝的除夕家宴，仅摆台就分8路，用了各色玉碗58个。至于酒楼，盛行一字排开的"四扎碟"，置于首座对面的桌沿上以壮观瞻。明清的筵宴餐具强调成龙配套，常是一桌席面用一色器皿。如孔府的满汉宴，"银质点铜锡仿古象形水火餐具"，全套404件，可上196道菜点；慈禧太后的宁寿宫膳房里，也有酒筵所用金银餐具1500余种，均系绝世珍品。

2. 筵宴设计注重套路、气势和命名。明代万历年间北方的乡试大典，席面分上马宴、下马宴两种，每种又有上、中、下之别，84桌各成格局。清宫光禄寺置配的酒宴有祀筵，奠筵、燕筵、围筵四类，每类也分若干个等级。像头等燕筵的菜单便用面粉120斤（制作满汉点心）、红白馓支3盘，饼饵20盘又加2碗、干鲜果品18盘，熟鹅一只，其他菜品灵活增补；二至六等依次递减。市场上的筵宴也以碟之多寡来区别档次，即有高档的16碟8簋4点心，也有低档的"三蒸九扣""十大件"，还有16碟8大8小、12碟6大6小、重九席、双八席、四喜四全席、五福六寿席等。各有例则，自成体系。从筵宴结构看，一般分作酒品冷碟、热炒大菜、饭店菜果三大层次，好似军伍中的前锋、中军和后卫，分别由主碟、座汤和首点统领，而指挥这次筵宴大军的主帅，则是头菜。头菜是何规格，筵宴是何种档次。从筵宴命名看，有突出头菜"燕窝席、熊掌席"，有借用数字，如"盖州三套碗""巩昌十二体"；有巧嵌成语掌故，寄寓诗情画意如"混元大席""蝴蝶会"有宣扬门第家风和地方风味特色"孔府宴""洛阳水席"。广州商人请春酒，席上全是金钱、元宝、富贵、发财等字眼，而扬州的诗文之会，则是每人一套文房四宝和两个食盒，酒菜吃完，诗稿也得交卷。

3. 各式全席脱颖而出，制作工艺美轮美奂。全席一般可分为主料全席、系列料全席、技法全席和风味全席四类。目前所见到的资料，清代的全席便有全龙席、全虎席、全凤席、全麟席、全羊席、全牛席、全鸭席、全鱼席、全蟹席、全素席等数十种类别。大多数全席从头到尾只准使用一种主料，可变只是辅料、调料与技法。在所有的全席中，全羊席誉满南北，满汉燕翅烧烤全席被称为"无上上品"。前者是选用羊体的各个部位分别制菜，少则用羊1头，有10多款菜，多则用羊20头，可制出108种品食。后者是扬州酒肆为接待随同乾隆皇帝南巡的百官创制的，菜品多达130余种；后来各地加以仿制款式变化甚多。由于满汉全席通常以燕窝、鱼翅、烧猪、烤鸭四大名菜领衔，汇集了四方异馔和各族珍味，其技法偏重于烧烤，因而又名"大烧烤席"。

4. 少数民族的酒筵有所发展，各自展现出不同民族礼俗和风情。据《清稗类钞》一书介绍，就有满族、蒙古族、哈萨克族、回族、藏族、苗族的丰盛席面10多种；如果再将明清有关笔记小说辑录的席单加进去，便可达50余例。

（五）近代、现代时期

辛亥革命以后，筵席的发展趋势是"由简到繁，从繁趋简"的过程，主要有这几方面的变化。

1. 中华民国时期，北京的宫廷菜在清帝退位后，流于市肆，出现了仿膳菜。一些官绅家厨进入市场，出现了谭家菜。上海、南京等地一些银行家、达官贵人在寓所办筵席，名曰"公馆菜"。这一切，从筵席的形式上、内容上以及风味特色中，都得到相应的发展。

2. 食品工业的崛起，对菜肴本质属性有着重要影响。1925年中国用小麦麸皮制成味精。后又引进各种食用香精、糖精、食用色素，还有咖喱、番茄酱、苏打等，对筵席菜肴的本质属性以及美感均起到了重要作用。

3. 烹饪教育事业蓬勃发展，使筵席更趋向于科学性和社会适用性。1949年以前，个别大学家政系开设过烹饪课，这是我国出现最早的烹饪教育。1949年以后，在全国建立了一批中等烹饪技工学校、中等职业学校、培训班和大专层次的烹饪校系，形成了多层次的烹饪教育网络。改变了几千年来以师带徒的传艺方式。尤其是将烹调理论与现代营养卫生学有机结合起来，使筵席的组合内容更具有一定的科学性。特别是1979年以后，烹饪理论和现代营养卫生得到大力普及，人民饮食结构发生变化，筵席开始走向家庭化，成了人们日常生活、社会交往必不可缺少的重要组成部分。

4. 多次举办全国烹饪技术比赛，交流技艺，丰富筵席菜肴内容，提高筵席质量。1983年11月，举行了全国烹饪名师技术表演鉴定大会。推出名特大菜276道，工艺冷盘24个，风味美点84种。1988年5月举办了全国第二届烹饪技术比赛。表演菜点1320个，并在规定项目的基础上，增加了单项名特菜肴、食品雕刻、宴会摆台和宴会服务项目。第一次把烹饪技术大赛与筵席知识有机结合起来。1993年10月至12月，举办了第三届全国烹饪技术比赛，参赛品种多达5000余种，这次空前的盛会，给筵席注入了新的活力。

第三节 西餐在我国的发展简况

西餐是指西方菜点而言，系对欧美各国菜点的统称。它一般是用刀叉餐具，以面包为主食，摆长方形餐桌，这种进餐形式称西餐。

早在 13 世纪，意大利人马可·波罗就将某些欧洲菜点的制作方法传到我国。其后，随着西方各国的传教士、商人和外交官的到来，西餐烹调技艺越来越多地传入中国。到 19 世纪 20 年代初期，上海已有几家大型西式饭店，如礼查饭店（现浦江饭店）、汇中饭店（现和平饭店南楼）、大华饭店（现北京大戏院原址）等。这些饭店内部设有客房、餐厅、舞厅、酒吧等部门。30 年代初期，国际饭店、华懋饭店、成都饭店、华懋公寓、上海大厦等大饭店相继开业，各项设备较前更为完善，菜品质量、花色品种，有了显著的提高。经过一段时间的经营，西餐行业有了很大发展，形成许多风味不同的流派，有经营正宗欧美菜，有经营俄式大菜，有经营带中国味的西菜，也称番菜，还有经营家庭番菜。

新中国成立后，随着旅游事业的发展和国内经济渐趋活跃，由于西餐主料突出，形色美观，口味鲜美，营养丰富，在各大宾馆、饭店、餐馆颇受群众欢迎。近年来，西方快餐、日本菜相继进入中国市场，使西餐成为门类较全，各自具有独特烹调技艺的行业。

思考题

1. 筵席的定义是什么？有何作用？
2. 简述我国筵席的形成。
3. 我国筵席发展分为哪几个时期？各时期有哪些特点？

第二章 中式筵席

第一节 中式筵席分类及特点

我国筵席种类繁多，大致可从以下几个方面分类：

1. 按地方菜系分：如苏菜席、沪菜席、鲁菜席、京菜席等。由于地方菜系以地方风味为特征，乡情浓烈，个性鲜明，便于择用。

2. 按菜品数目分：如八人席、十大件、重九席、五福捧寿席、八仙过海席等。此种分类可从数量反映出筵席的规格，利用计价和调配品种，也兼顾了乡风民俗，因而在乡镇民间甚为流行。

3. 按头菜名称分：如燕窝席、鱼翅席、海参席等。头菜是筵席的主菜，要求用料名贵，调制精美。头菜一旦确定，其他菜品则可各就各位。用头菜分类，可从质上体现档次，便于成龙配套，所以普遍使用。

4. 按烹制原料分：如水鲜席、野味席、花果席、素菜席等。这种分类，突出某一类土特产品，或适应宾客的嗜好。由于选用同一大类原料，风味协调，自成系列，别有情趣。

5. 按主要用料分：如全羊席、全鱼席、全虎席等。这类席面上的肴馔都用同一种主料，不同的仅是配料、调料和烹调方法。它能充分领略"一物多吃"的神韵，工艺难度很大。

6. 按季节时令分：如春席、夏席、中秋宴、除夕宴等。

此种席面重视选用应时当令的鲜活原料，根据季节变化和人们生理需求，调整烹调技艺，使人口目一新。

7. 按办宴目的分：如婚宴、寿席、纪念、祝捷庆功席等。这类筵席偏重菜点组合艺术与美化，菜肴命名典雅，多以感观上和心理上取悦宾客，人情味特别浓厚。

8. 按主宾身份分：如国宴、专宴等。此类筵席难度大，要求严，而且礼仪隆重，带有政治色彩。

9. 以风景胜迹分：如长安八景宴、洞庭君山宴、羊城八景宴、西湖十景宴等。这类筵席菜点多用名胜风景命名，作工考究，使人有一种流连忘返的感觉。

10. 以文化名城分类：如开封宋菜席、洛阳水席、荆州楚菜席、成都田席等。这类筵席选用当地土特名优原料，突出当地淳朴的民情食俗，对当地饮食文化有较大影响。

11. 以宗教信仰分：如全素席。素菜起源于寺院。原料除时令素菜外，多用豆制品和三菇六耳（三菇：香菇、蘑菇、草菇；六耳：石耳、黄耳、桂花耳、白背耳、银耳、榆耳）。烹调方法与荤菜相类似，菜肴名称和色泽，形态模仿荤菜，经过精工细作，惟妙惟肖。

12. 按规格和应用场合分：如便餐席、自助餐等。此类是筵席的简化形式。其特点是不拘形式，气氛灵活随便，菜肴规格质量要求也不一定严格，比较机动。可根据宾主的爱好选配一些精致的或有地方特色的菜点，既经济又实惠。

第二节　古典名席

1. 周代八珍席：这是已发现的我国最早的一张完整筵席菜单，也是后世八珍筵席菜单的先驱。这份菜单由六菜二饭组成，是专供周天子食用的，反映了3000年前黄河流域的饮膳风貌。菜单组成如下：

淳熬（肉酱油烧饭）、淳母（肉酱油烧黄米饭）、炮豚（煨烤炸炖乳猪）、炮牂（煨烤炸炖母羔）、捣珍（烧牛羊鹿里脊）、渍（酒糟牛羊肉）、熬（五香酱卤牛肉干）、肝膋（烧烤网油包狗肝）。

2. 春秋战国时期王公贵族的筵宴：春秋战国时期，王室衰朽，"礼崩乐坏"。士大夫"僭越"，搞起了"陈馈八簋，味列九鼎"。这份30多种菜点组成的席单反映出这一史实。从筵席进步的角度来看，已超出周代八珍席的水平。席单组成如下：

正馔：肤俎、豕俎、肠胃俎、羊俎、腊俎、牛俎、鱼俎、昌本、麋臡、鹿臡、青菹、韭菹、牛铏、羊铏、豕铏、大羹、醢醢、醢酱、黍簋、稷簋等。

加馔：牛炙、羊炙、牛胾、羊胾、豕胲、牛鮨、牛脍、羊鮨、鱼脍、醢、芥酱、粱簠、稻簠等。

3. 战国时代的楚宫盛宴：这份菜单是2300多年前长江流域饮宴生活的真实写照。选料精细，烹调方法多样，菜点组合合理。是现代筵席的鼻祖，其基本格式至今仍在沿用。菜单组成如下：

主食：大米饭、小米饭、新麦饭、黄粱饭。

菜品：烧甲鱼、炖牛脯、烤羊羔、烹天鹅、扒肥雁、卤油鸡、烩野鸭、焖大龟。

点心：酥麻花、炸馓子、油煎饼、蜜糖糕。

饮料：冰甜酒、甘蔗汁、酸辣汤。

4. 汉代楚地的王宫筵席：这是战国时代楚宫盛宴的发展，选用原料与荤素搭配，烹制技巧和调料配合都跃居新的高度。

菜品：牛肉笋蒲、石花狗羹、芍药熊掌、叉烧兽脊、紫苏鱼片、清炒锦鸡、白露菜心、红焖豹胎等。

饮料：兰花美酒。

饮食：楚乡稻饭、雕胡珠米粥。

5. 唐中宗时的烧尾宴：这是唐代大臣授官向皇帝进献的筵席，名曰"烧尾"，取鱼跃龙门、官运亨通之意。这是韦巨源拜尚书令左仆射后，宴请唐中宗大席中的主要菜点，标志着中国古典筵席已进入鼎盛时期。席单组成如下：

饮食点心：单笼蒸乳酥（蒸制酥点）、曼陀祥夹饼（炉烤饼），巨胜奴（蜜制馓子），婆罗门轻高面（蒸面），贵妃红（红酥皮），七返膏（糕点），金铃炙（类似印模月饼），御黄王母饭（类似盖浇饭），生进鸭花汤饼（鸭杂臊子面），生进二十四气馄饨（做成二十四种花型），见风消（油酥饼），火焰盏口䭔（花色点心），唐安馍（厨花糕饼），玉露圆（雕花酥点），水晶龙凤糕（枣馅、蒸制），双拌方破饼（花角饼），汉宫棋（煮印花圆面片），长生粥（食疗食品），天花饆饠（配多种调料），赐绯舍香粽子（蜜汁粽子），甜雪（蜜饯面），八方寒食饼（木模制成），素蒸音声部（印字馒头）。

菜肴羹汤：通花软牛肠（羊油烹制），光明虾炙（活虾烤制），同心生结脯（干肉脯），冷蟾儿羹（蛤蜊汤），白龙曜（用反复捶打的里脊肉制成），金粟平䭔（烹鱼子），金银夹花平截（蟹肉剁细包入卷筒），凤凰胎（烧鱼白），羊皮花丝（炒羊肉丝，切一尺长），逡巡酱（鱼羊合烹），乳酿鱼（奶汤锅子鱼），丁子香沫脍醋（五香烩鱼片），葱醋鸡（笼蒸），吴兴连带鲊（烹鱼），西江科（蒸猪前夹），红羊枝杖（烹羊蹄），升平炙（烤羊舌鹿舌），八仙盘（烧鹅造型），雪婴儿（豆雷贴田鸡），仙人脔（奶汁炖鸡），小天酥（鹿鸡同炒），分装蒸腊熊（腌熊掌蒸食），卯羹（兔肉羹），青冻臁碎（果子狸夹脂油），箸头春（烤鹌鹑），暖寒花酿驴蒸（烂蒸驴肉），水炼犊（烤牛犊），五牲盘（猪牛羊鹿熊肉拼碟），格食（羊肉、羊肠和豆花配制），过门香（各种肉相配炸熟），缠花云梦肉（缠成卷状），红罗饤（烧猪血），遍地锦装鳖（鸭蛋羊油烧甲鱼），汤浴绣丸（氽汤圆子），蕃体间缕宝相肝（不详）。

6. 宋皇寿筵：这一宫廷大宴，以九杯寿酒为序分层推进，把众多的佳肴和游艺节目有机地穿插起来，别开生面。

每客一份：环饼、油饼、枣塔、果子、葱韭、蒜、醋等味碟；鸡、羊、猪、兔、鹅等熟肉。

第一杯酒：唱歌、奏乐、献舞、祝寿。

第二杯酒：同上

第三杯酒：演杂技百戏；上菜：下酒肉、咸豉、爆肉、双下驼峰角子。

第四杯酒：演杂剧；上菜：炙子骨头、索粉、白肉胡饼。

第五杯酒：琵琶独奏、儿童舞、演杂剧；上菜：群仙炙、天花饼、太平饆饠、干饭、缕肉羹、莲花肉饼。

第六杯酒：足球表演；上菜：假鼋鱼、蜜浮酥捺花。

第七杯酒：女童采莲舞，演杂剧；上菜：排炊羊胡饼、炙金汤。

第八杯酒：群舞；上菜：假沙鱼、馒头、肚羹。

第九杯酒：摔跤表演；上菜：水饭、簇饤下饭。

7. 张俊供奉宋高宗的御宴：这是公元1151年（绍兴二十一年10月）清河郡王张俊在家宴请宋高宗赵构的大筵，全席菜点达250道，是我国历史上传留下来最大的一桌筵席。席单组成如下：

绣花高钉一行八果垒：香橼、真柑、石榴、枨子、鹅梨、乳梨、椈楂、花木瓜。

乐仙乾果子叉袋儿一行：荔枝、圆眼、香莲、榧子、榛子、松子、银杏、梨肉、枣圈、莲子肉、林檎旋、大蒸枣。

缕金香药一行：脑子花儿、甘草花儿、砂圆子、木香丁香、水龙脑、史君子、缩砂花儿、官桂花儿、白术人参、橄榄花儿。

雕花蜜煎一行：雕花梅球儿、红消花、雕花笋、蜜冬瓜鱼儿、雕花红团花、木瓜大段儿、雕花金橘、青梅荷叶儿、雕花姜、蜜笋花儿、雕花枨子、木瓜方花儿。

砌香咸酸一行：香药木瓜、椒梅、香药藤花、砌香樱桃、紫苏奈香、砌香萱花柳儿、砌香葡萄、甘草花儿、姜丝梅、梅肉饼儿、水红姜、杂丝梅饼儿。

脯腊一行：肉线条子、皂角铤子、云梦䶉儿、虾腊、肉腊、奶房、旋鲊、金山咸豉、酒醋肉、肉瓜齑。

垂手八盘子：栋蜂儿、番葡萄、香莲事件念珠、巴榄子、大金橘、新椰子象牙板、小橄榄、榆柑子。

再坐——

切时果一行：春藕、鹅梨饼子、甘蔗、乳梨月儿、红柿子、切枨子、切绿橘、生藕铤子。

时新果子一行：金橘、咸杨梅、新罗葛、切蜜蕈、切脆枨、榆柑子、新椰子、切宜母子、藕铤儿、甘蔗奈香、新柑子、梨五花子。

雕花蜜煎一行：同上。

砌香咸酸一行：同上。

珑缠果子一行：荔枝甘露饼、荔枝蓼花、荔枝好郎君、珑缠桃条、酥胡桃、缠枣圈、缠梨肉、香莲事件、香药葡萄、缠松子、糖霜玉蜂儿、白缠桃条。

脯腊一行：同前。

下酒十五盏：

第一盏：花炊鹌子、荔枝白腰子。

第二盏：奶房签、三脆羹。

第三盏：羊舌签、萌芽肚胘。

第四盏：肫掌签、鹌子羹。

第五盏：肚胘脍、鸳鸯炸肚。

第六盏：沙鱼脍、炒沙鱼衬肠。

第七盏：鳝鱼炒鲎、鹅肫掌汤齑。

第八盏：螃蟹酿枨、奶房玉蕊羹。

第九盏：鲜虾蹄子脍、南炒鳝。

第十盏：洗手蟹、鲫鱼假蛤蜊。

第十一盏：五珍脍、螃蟹清羹。

第十二盏：鹌子水晶脍、猪肚假江瑶。

第十三盏：虾枨脍、虾鱼汤齑。

第十四盏：水母脍、二色茧儿羹。

第十五盏：蛤蜊生、血粉羹。

插食：炒白腰子、炙肚胘、炙鹌子脯、润鸡、润兔、炙炊饼、炙炊饼脔骨。

劝酒果子库十番：砌香果子、雕花蜜煎、时新果子、独装巴榄子、咸酸蜜煎、装大金橘小橄榄、独装新椰子、四时果四色、对装拣松番葡萄、对装春藕陈公梨。

厨劝酒十味：江瑶炸肚、江瑶生、蝤蛑签、姜醋生螺、香螺炸肚、姜醋假公权、煨牡蛎、牡蛎炸肚、假公权炸肚、蟑蚷炸肚。

准备上细垒四卓。

又次细垒二卓：内有蜜煎咸酸时新脯腊等件。

对食十盏二十分：莲花鸭签、茧儿羹、三珍脍、南炒鳝、水母脍、鹁子羹、鲊鱼脍、三脆羹、洗手蟹、炸肚胘。

8. 元代大型烤肉宴：这桌席基本上属于清真风味，以烤全羊为主，兼带部分野味，是我国烤羊席的先导，对后世的全羊席也有启示。全席组成如下：

羊膊（煮熟、烧）、羊肋（生烧）、獐鹿脯（煮半熟、烧）、薰羊肉（煮熟、烧）、野鸡（脚儿、生烧）、鹌鹑（去肚、生烧）、水札、兔（生烧）、苦肠、蹄子、火燎肝、腰子、膂肉（以上生烧）、羊耳、舌、黄鼠、沙鼠、搭剌不花、胆、灌脾（并生烧）、羊胰肪（半熟、烧）、野鸭、川雁（熟烧）、督打皮（生烧）、全身羊（炉烧）。

9. 大都贵族官僚的赏花席：这是摆在花园里的一台宴席，大都贵族一边赏花，一边饮宴。按此席分析，元人承袭了两宋的食风，不过更重汤。席中菜品分三个梯次，衔接自然，与今日筵席相当接近。

席上先摆十六碟干果，如榛子、松子、干葡萄、栗子、龙眼、核桃、荔枝等；每摆十六碟新鲜水果，如柑子、石榴、香水梨、樱桃、杏子等。干鲜果碟中间，放着象生缠糖和狮仙糖（将糖熬化，注入木印，凉后成为花果或骑狮仙人形状）。

先上一遍烧鹅、白煠鸡、川炒猪肉、爒鸡子蛋、熝乱膀蹄、蒸鲜鱼、煳牛肉、炮炒猪肚。吃过两巡酒后，再上新菜，第一道是爊羊蒸卷，第二道是金银豆腐汤，第三道是鲜笋灯笼汤，第四道是三鲜汤，第五道是五软三下汤（五种精肉切片，先用块煎，次用醋烹，最后炝葱花而食），第六道是鸡脆芙蓉汤，第七道是粉汤馒头。

举行花宴时，有乐二弹唱和杂技表演。散席后还要"饮个上马杯儿"。

10. 明代乡试典礼大看席：这是一台漂亮的看席，主要供观赏，并烘托乡试大典的热烈气氛，宾客用餐另备华筵。这种看席对后世的摆台艺术亦有影响，成为筵宴中的美化手段之一。全席组成如下：

饼锭八个、斗糖八个、糖果山五座、糖五老五座、糖环饼五盘、荔枝一盘、圆眼一盘、胶枣一盘、核桃一盘、栗子一盘、猪肉一肘、羊肉一肘、牛肉一方、汤鹅一只、白蚕二尾、大馒头四个、活羊一只、高顶花一座、大双插花二枝、肘件花十枝、果罩花二十枝、定胜插花十枝、绒戴花二枝、豆酒一尊。

11. 清廷千叟宴：这是清廷为有名望的老人举办的庆宴，赴宴的耆老和重臣最多时超过5000人，这种筵席规模大，礼仪繁多，富丽堂皇。

一等席面：火锅二个（银锡各一），猪肉片一个、煺羊肉一个、鹿尾烧鹿肉一盘、煺羊肉片一盘、荤菜四碗、蒸食寿意一盘、炉食寿意一盘，螺丝盒小菜二个，乌木筋二只，另备肉丝烫饭。

二等席面：火锅两个（俱为铜制）、猪肉片一个、煺羊肉一个、煺羊肉片一盘、烧狍肉一盘、蒸食寿意一盘、炉食寿意一盘，螺丝盒小菜二个、乌木筋二只，另备肉丝烫饭。

12. 清宫除夕宴：这一食单是1776年（乾隆四十一年）除夕家宴所用。其菜品超过了120件，家宴礼仪和配套餐具记载甚详，是研究清廷膳食的珍贵史料。

午正（中午12时），宴桌摆台——

头路：松棚果罩四座，上安迎春象牙牌四个，两边花瓶一对，中间用青白玉盘置点心五品。

二路：用青白玉碗摆一字高头点心九品。

三路：用青白玉碗摆圆肩高头点心九品。

四路：中有红色雕漆看果盒二副，两边用小青白玉碗摆苏糕鲍螺四座。

五路：用青白玉碗摆膳十品。

六路：用青白玉碗摆膳十品。

七路：用青白玉碗摆膳十品。

八路：用青白玉碗摆膳十品。

此外，膳桌东边摆奶子一品，小点心一品和炉食一品；西边摆油糕一品，鸭子馅临清饺子一品和米面点心一品。都用五寸青白玉盘盛装。两边还各摆南小菜、清酱、酱和老腌菜四样。御座近前，左摆金匙、叉子，右摆羹匙、筷子，正面摆放筷套、手布和纸花。

未初二刻（下午一时半），传摆热宴——

在乐声中，敬送汤膳盒一对：左盒内是红白鸭子大菜汤膳及粳米膳各一品，右盒内是燕窝捶鸡汤及豆腐汤各一品，都用雕漆飞龙宴盒盛装。

接着演戏，呈送白玉奶茶。

随后，转宴大席开始——

先从皇帝起由内向外转，再转内庭诸宴。

先转汤膳碗，再转小菜、点心、群膳、捶手、果钟、苏糕、鲍螺、金羹匙、金匙、高头松棚果罩等；唯有花瓶、筷子、叉子与果盒不转。

接着大摆酒宴——

用珐琅盘上皇帝酒膳一桌，分五路，每路八品，用五对飞龙宴盒呈进。

头对盒：荤菜四品，果子四品。

二对盒：荤菜八品。

三对盒：荤菜八品。

四对盒：荤菜八品。

五对盒：果子八品。

皇帝赏酒后，又上果茶，奏乐，离宴。

随即传旨，赏赐王公大臣，分享菜品。

13. 孔府向慈禧拜寿的贡席：这是1894年（光绪二十年）慈禧60大寿时，山东曲阜衍圣公孔令赔携妻随母进京拜寿，其母彭氏，妻陶氏各向慈禧进贡一桌寿席，价值240两白银。贡席菜单组成如下：

海碗菜二品：八仙鸭子、锅烧鲤鱼。

中碗菜四品：清蒸白木耳、葫芦大吉翅子、寿字鸭羹、黄焖鱼骨。

大碗菜四品：燕窝万字金银鸭块、燕窝寿字红白鸭丝、燕窝无字三鲜鸭丝、燕窝疆字口蘑肥鸡。

怀碗菜四品：熘鱼片、烩鸭腰、烩虾仁、鸡丝翅子。

碟菜六品：桂花翅子、炒茭白、芽韭炒肉、烹鲜虾、蜜汁金腿、炒黄瓜酱。

片盘二品：挂炉猪、挂炉鸭。

克食二桌：蒸食四盘、炉食四盘、猪食四盘、羊食四盘。

饽饽四品：寿字油糕、寿字木樨糕、百寿桃、如意卷。

燕窝八仙汤。

鸡丝卤面。

14. 清代扬州满汉筵：这是诸史料记载最早的满汉全席菜单，菜品134道。这种大席系"上买卖街前后寺观"的"大厨房"所制，专门"备六司百官"食用。所以有人据此推断，满汉席可能最早出现在官场应酬中。全席组成如下：

头号五簋碗十二件：燕窝鸡丝汤、海参烩蹄筋、鲜蛏萝卜丝羹，海带猪肚丝羹、鲍鱼烩珍珠菜、淡菜虾子汤、鱼翅螃蟹羹、蘑菇煨鸡辘炉馇、鱼肚煨火腿、鲨鱼皮鸡汁羹、血粉汤。

二号五簋碗十件：鲫鱼舌烩熊掌、糟猩唇猪脑、假豹胎、蒸驼峰、梨片拌蒸果子狸、蒸鹿尾、野鸡片汤、风猪片子、风羊片子、兔脯奶房签。

细白羹碗十件：猪肚、假江珧、鸭舌羹、鸡笋粥、猪脑羹、芙蓉蛋鸭掌羹、糟蒸鲥鱼、假斑鱼肝、西施乳文思豆腐羹、甲鱼肉肉片子汤茧儿羹。

毛鱼盘二十二件：貜炙、哈尔巴子、猪子油炸猪肉、猪子油炸羊肉、挂炉走油鸡、挂炉走油鹅、挂炉走油鸭、鸽臎、猪杂什、羊杂什、燎毛猪肉、燎毛羊肉、白煮猪肉、白煮羊肉、白蒸小猪子、白蒸小羊子、白蒸鸡、白蒸鸭、白蒸鹅、白面饽饽卷子、什锦火烧、梅花包子。

配碟八十件：洋碟二十件、热吃劝酒二十味、小菜碟二十件、枯果十彻桌、鲜果十彻桌。

15. 晚清的改良宴席：此席从卫生、实用出发，创造了这种"视便餐为丰而较之普通筵会则俭"的席面。现今的筵席格局基本上是以它为基础演化而成的。

餐桌覆盖白布，餐具整齐雅洁。

每位客人面前，有一个酒杯，两双筷子，三个食碟，三把汤匙，一块餐巾。这些用餐在进餐中要更换四次。席后，敬烟献茶。

酒：绍兴酒（每客一壶）。

菜：芹菜拌豆干丝、牛肉丝炒洋葱头丝，白斩鸡、火腿（以上为四深碟）。鸡片冬笋片蘑菇片炖蛋、冬笋片炒鱼片、海参香菌扁豆尖白炖猪蹄，冬笋片炒菠菜、鸡丝火腿丝冬笋丝鸡汤火腿汤炒面、冬笋片炖鱼圆、栗子葡萄小炒肉、汤圆、莲子羹、豆衣包黄雀（内藏猪肉油煎金针木耳）、青菜，江珧柱炒蛋、鸡汤（以上为十大菜一汤二点）。白腐乳、腌菜心（两饭菜）。福橘或蜜橘（一果）。

第三节　各式全式筵席

1. 普式满汉全席：满汉两族风味肴馔兼用的盛大筵席。其规模盛大、程序繁杂、用料珍贵，菜点繁多，满汉食兼有，又称满汉全席、满汉大席、烧烤席，是我国古代烹饪文化中的一项宝贵遗产。

普式满汉全席共有肴馔128道，除去果品蜜饯，尚有南菜54道，北菜45道，辛亥革命前后流行于山西。它与各式满汉全席相比有不同特色。

四高摆：白瓜子、葵花子、黑瓜子、杏仁。

四干鲜：大京子、大红袍、酥桃仁、炸杏饼。

四整鲜：石榴、鸭梨、苹果、橙子。

四水果：红枣、南荠、香蕉、橘子。

四干饯：蜜枣、瓜条、桃脯、杏脯。

四糖饯：杨梅、樱桃、山楂、枇杷。

八拼十六样：酥鱼、莲藕、佛手海蜇、虾米红菜、咸鸭蛋、咸水板鸭、料小鸡、野鸡酱瓜丝、松花、素火腿、金钱莴苣、炝瓜皮、火腿、平遥牛肉、腊羊肉、蹄花。

八大件：生扒鱼翅、清汤鲍鱼、清炒虾仁、清蒸鲥鱼、清汤蛤士蟆、虎皮鸽蛋、鸡米海参、萝卜球烧干贝、烩乌鱼蛋、蟹黄鱼肚、炸铁雀、葡猴天梯、虾籽烧猴头，奶油烤菜花、清汤鱼骨、扒鹿背、锅㷍龙须菜、烩口蘑豌豆扒熊掌、糖醋鱿鱼丝、烩两鸡丝、奶汤鹿筋、炒鳝鱼糊、汤爆双脆。

四甜大件：酿八宝鸭子、炒栗子泥、冰糖桂圆、冻糖燕菜、冰糖银耳、炒蚕豆泥、苏东坡肉、琉璃苹果、冰糖百合、虎皮莲子、炸玉珍澄沙、蜜汁葫芦。

四红烤：烤鸭子、烤乳猪、烤酥方、烤火腿。

四白烤：烤驼峰、烤项卷、烤哈尔巴、烤鱼。

四甜点：玫瑰饼、杏仁茶、百合酥、山楂酪、烤蛋糕、仙米酪、酥合子、冰糖三白。

四咸点：蟹黄烧麦、四蘑汤、三鲜蒸饺、鸡杂花汤、烤酥包子、余生鸡丝、烤叉烧开花馒头、瓜片余里脊。

二十四座底：烧肉、糊肘子、黄焖鸡、鸳鸯鸡蛋、螺蛳肉、米粉肉、元宝肉、炉拔肉、油焖牛肉、南煎小丸子、螺蛳鸡、酱梅肉、金银酥、扣肉、清蒸羊肉、肉片焖雪里蕻、鸭油蒸蛋羹、皮箱豆腐、一品丸子、菊花白菜、火腿冬瓜、菠菜余丸子、栗子炒白菜、发菜豆腐。

2. 仿膳饭庄制作的满汉全席：这桌筵席菜单是1978年仿膳饭庄应日本富士贸易株式会社的请求而制作的。

进门点心：高汤卧果。

三道茶食：莲子茶、桂圆茶、龙井茶。

手碟：大桃扁、大白心瓜子、红冠米、葡萄干。

手鲜：青果、樱桃、南荠、枇杷果。

四桂果：瓜子仁、松子仁、熟栗子、桂圆肉。

四糕品：长生糕、黑麻糕、绿豆糕、莲子糕。

四整鲜：香蕉、柠檬、肥桃、苹果。

四蜜碗：龙眼红果、金扇菠萝、佛手话梅、菊花凤梨。

四素碟：洛镇桃仁、虾仁茭白、口蘑豆米、松子香菇。

四花拼：福、禄、寿、喜四字冷荤。

上八珍：红烧猩唇、侉炖驼峰、玉笔猴头、红扒熊掌、芙蓉燕菜、葱羊凫脯、红焖鹿筋、猴脑。

八行件：炒兰花虾仁、黄焖绣球鸡肫、白扒芦笋、红烧黄唇肚、清炸赤鳞鱼、清汤牡丹银耳、白汁裙边、蜜腊莲子桂圆。

双点心：（二咸点一汤）三鲜烧麦、炸蝴蝶锤绒、豆苗三丝汤；（二甜点一粥）桂花方脯、重阳糕、细米粥。

四松碟：火腿鸡松、松子鱼松、芝麻肉松、翡翠虾松。

红白烧烤：烤整乳猪、烤果子狸、烤填鸭、烤排子、烤哈儿巴、烤花篮鲑鱼、烤肥油鸡、烤鹿尾。

点心：通州烧饼、子孙饽饽、十层饼、荷叶卷；酸菜汤（各吃）。

下八珍：蝴蝶海参、扒鲍鱼龙须菜、花酿大大石子、凤眼竹笋、香酥鸭子、绣球干贝、珊瑚蛎黄、番茄乌鱼蛋。

五福碗：荷花鱼翅、红蒸凤眼肉、黄焖雏鸡块、奶油布袋鸡、奶油黄唇胶。

四小炒：烧酿鲜辣椒、鸡蛋焖子、拌什锦菜、炒瓮菜。

四面饺：三鲜伊府面、蟹黄汤面包、拔丝饼、烙盒子。

四色包：枣泥包、水晶包、豆沙包、果馅包。

四卷食：蝴蝶卷、绣球卷、如意卷、羊尾卷。

四小菜：糖蒜、吉祥瓜、甘萎、酱杏仁。

蝎子碟：炸活蝎（每位一只）。

槟榔碟。

3. 天津鸿宾楼全羊席：全羊席是可与满汉全席争辉的大筵，它用肥羊的各个部位作主料，采用不同的烹调方法炮治，并组成阵势井然的席面。辛亥革命以后，全羊席在天津著名清真菜馆"鸿宾楼"上市，一时传为美谈。

四干碟：琥珀桃仁、金丝蜜枣、五香大白瓜子、金钱橘饼。

四鲜碟：苹果、香蕉、红果、蜜柑。

四冷荤：丁香雏鸡、糟蒸鲥鱼、生炝晃虾、酱羊腱子。

四青菜：香菇冬笋烧瓢菜、金钩笋丝烧豆苗、香椿拌豆腐、炝三鲜。

四甜碗：冰糖莲子、冰糖百合、八宝饭、烩三鲜。

头道菜：炒鹅毛雪片、花爆金钱、独百子、烩迎风扇、烩望风坡、蒸千层梯、焖玉珠灯笼、卤素心菊花、落水泉、酱五丝烂肚、爆荔枝、炸铁伞、山鸡油卷、鼎炉盖、炸银鱼、烩双凤翠、焖采灵芝、炖安南台。

头道点心配一汤菜：龙须糕、一只烧饼、杏仁茶、小干酪、蒸素包、鲍鱼汤。

二道菜：爆炒玲珑、金鼎喇嘛瓜、烩虎眼、玉关锁、凤头冠、炸鹿尾、天花板、红白棋子、青云登山、炸血丹、采凤眼、蜜蜂窝、开秦仓、苍龙脱壳、八宝袋、龙门角、犀牛眼、拔草还园、鹿挞尸。

二道点心配一汤菜：喇嘛糕、香菜托、冰糖薏仁米、羊肉烧麦、蒸炸西盒、三鲜汤、里脊丝氽酸菜粉（冬季用）。

三道菜：炸鹿茸、白云搬汁、明鱼骨、算盘子、炸东篱、清烩凤髓、迎香草、梧桐子、红叶含云、清烩鹿筋、黄焖熊胆、百子葫芦、烩鲍鱼丝、干炸龙胆、冰花松肉、锅烧浮筋、玻璃方肉、红炖豹胎、红炖熊掌、香糟猩唇、受天百禄、干炸龙肝、天鹅方肉、吉祥如意、五花宝盖、满堂五福、爆凤尾、八仙过海。

三道点心配二汤菜：稻米饭、荷叶卷、三鲜紫菜汤、酸辣干贝汤。

4. 全凤席：在传统筵席中，常以鸡代凤，故而全鸡席又称全凤席。

四冷盘：白凤鸡、凤腊鸡、兰花鸡、沙拉鸡。

四热炒：美仁鸡肝、辣子鸡块、玉兰鸡脯、芙蓉鸡片。

四大件：香酥鸡排、贵妃鸡翅、八宝全鸡、母子相会。

一汤菜：凤爪裙边。

5. 全虎席：全虎席即全猪席，席单以"虎"代猪。

虎身八碟：口条、顺风、白肉、炙骨、腊肠、香肚、云腿、肉松。

虎脏四炒：炒腰花、爆肚皮、滑肝片、熘心条。

全虎十菜：大烤虎崽、香酥虎排、金银双圆、龙眼扣肉、九转大肠、冰糖蹄髈、荷叶蒸肉、菜薹腊肉、钟祥蟠龙、汤煨银肺。

6. 蛇宴席：广东人食蛇习俗历史悠久。《淮南子》有"越人得蚺蛇以为上肴"的记载。今广州、深圳、香港等地均有专营蛇馔的餐馆，以广州"蛇王满"最为著名。此席高档蛇宴，就是根据广州蛇王满菜单整理而成的。

菊花龙虎会、红烧南蛇脯、京葱爆蛇丁、什锦蛇羹、五彩蛇丝（带荷叶饼）、凤肝蛇片、百花蛇脯、酿蛇蛋（带蛇粒花卷）、酥炸蛇卷、焦熘蛇条、清炖蛇块、龙凤呈祥、龙戏珠、三蛇球、蛇丝伊锅面、红花各盏（带蛇茸酥）。

7. 全麟席：全麟席即全鹿席。席面主料全系家鹿，并有浓郁的云南风味。

金鹿拼盘带四围蝶。

竹笙鹿脑花、柴把鹿肉、菠萝白果扣鹿舌、纸包鹿肉、葱烧鹿筋、香茅草烤鹿腿、酥炸鹿肠、清蒸虫草鲜鹿冲、砂锅炖鹿尾。

荠菜鹿肉饺、鹿油茶。

8. 两淮长鱼全席：全鱼席的一种。因以鳝鱼为主料而得名。此席源于清代咸丰年间的江苏淮阴、淮安一带，当时共有菜点 108 种，现已减至 36 道。计有八大碗、八小碗、十六碟、四点心，分四次上完。席中的"度"是"组"的意思。

第一度：龙凤呈祥、米粉鱼、一声雷、铃铛鱼、炝虎鱼、白炒长鱼片、炸脆长鱼、月宫长鱼、长鱼酥盒。

第二度：叉烧长鱼方、烩长鱼圆、烩状元、锅贴鱼、炝胡椒鱼、软兜长鱼、子盖长、长鱼丁、长鱼烧麦。

第三度：乌龙抱蛋、高丽长鱼、银丝长鱼、长鱼羹、炝斑肠、蝴蝶鱼、长鱼干、长鱼圆、长鱼三翻饼。

第四度：杂素鱼、大烧马鞍桥、龙凤氽、桂花长鱼、熘长鱼、二龙抢珠、炒长鱼丝、长鱼吐丝、银丝炒面。

9. 巴陵全鱼席：这是选用洞庭湖所产 17 种不同名贵鲜鱼为主要原料，配以湖南土特产藕、莲、笋、蘑菇和君山银针名茗，经工艺造型精制而成。要求形态、色彩、味别、技法等都不雷同，使人食不见鱼，品其味不见其形。全席色彩绚丽，造型美观和谐，清香四溢，味别多样，充分体现了湘菜风味特色。

一花碟：金鱼戏莲。

八围碟：五彩鱼松、怪味鱼条、水晶鱼冻糟汁鱼球、麻香鱼脆、红油花鱼、块水大虾、葱酥鲫鱼。

四热炒：青豆虾仁、软炸鱼球、酸辣鱼丝、冬笋鱼夹。

八大菜：鸡茸鮰鱼肚、网油叉烧鳜鱼、银针鸡汁鱼片、翠竹粉蒸鮰鱼、荷花鲜鱼唇、鱼脂浙莲甜泥、蒜球清蒸白鳝、红炖洞庭金龟。

一座汤：**蝴蝶漂海**。

四点心：韭黄鱼丝春卷、虾仁四喜蒸饺、鱼茸标花蛋糕、鱼面银丝花卷。

四随菜：鱼白豆腐、炝菜鱼丁、蒜泥鱼子、麻辣鳝丝。

四水果：苹果、蜜橘、香蕉、块水菠萝。

10. 全牛大席：此席为满汉全席的基础上，结合内蒙古的风味特产、乡风民俗组合起来的一种较大筵席。这一席面如在蒙古包中举行，草原风味将更为浓郁突出。在全席中独具一格。

第一组食品（手碟）：

四酒水：呼和浩特大曲、呼和浩特啤酒、特制昭君陈酿、呼和浩特可乐。

四酥仁：脱袄花生、琥珀桃仁、紫衣榛仁、玻璃杏仁。

四蜜脯：桔饼、青梅、桃脯、杏仁。

第二组食品（冷盘）：

大彩碟：水美草肥牛壮（卧牛图）。

六双拼：酒香牛脑花拼红卤牛天明、水晶牛花腱拼蒜香牛肺卷、糖熏牛百叶拼五彩牛小肠、蕨菜牛肚条拼掐菜牛腰丝、大燡牛顺风拼四味牛天梯、冰花牛肉饼拼挂霜牛肝花。

第三组食品（头菜）：

头件：白扒牛头排翅。

行件：三炸牛脊一进宫、龙井牛茸发菜球。

咸点：一品牛馅烧梅、棋子牛肉酥饼。

第四组食品（热荤）：

二件：雪影牛鞭乌龙。

行件：网油牛尾牡丹花、茄汁牛肉丁口蘑。

第五组食品（热荤）：

三件：青松牛心驼峰。

行件：葱烧牛腩突厥雀、软炒牛奶五仁香。

第六组食品（甜食）：

四件：奶汁牛髓面包。

行件：拔丝夹沙奶豆腐、各吃火烧冰激凌。

第七组食品（热荤）：

五件：滑溜熘鹌牛里脊、红油鱼衣牛蹄筋。

第八组食品（素食）：

六件：糟烧牛肉烤麸。

行件：炸烹兰片牛紫盖、油爆口蘑牛肚仁。

第九组食品（汤点）：

七件：黄羊牛脯火锅。

饭菜：块爆豌豆牛肉丁、干煸韭黄牛肉丝、抓炒金钩牛里脊、糟熘瓜球牛肉条。

饭点：伊府面、状元饺、骨牌馍、吉祥饭。

第十组食品（茶食）：

茶点：牛奶茶、酸奶酪、乌勒莫（蒙语：酸奶子上的奶油）、奶豆腐、炒米、白糖。

果品：华来士（内蒙古特产果品）、甜冬瓜（内蒙古特点果品）、香水梨、蜜桃、沙枣、葡萄。

11. 佛光普照全素席：中国素菜起源于寺院和道观。席中菜肴均以豆制品、面制品、蔬菜、果品等为原料，用植物油烹制而成，不沾荤腥。其特点是菜肴花色品种繁多，并可用豆制品、面筋等原料仿制成鸡、鸭、鱼肉和山珍海味类菜肴，使筵席席面风格独特，富有情趣。

八果碟：瓜仁、桃仁、花生仁、杏仁、青梅、橘饼、葡萄干、瓜片。

大型冷盘：五祖圣地佛光普照。

二十四彩花围碟：香熏鸡条、酒醉腰片、椒块排骨、麻辣白肚、菊花皮蛋、双色菜松、三丝琼脂、四鲜烤麸、风味花生仁、樟茶鹅片、油汁葱虾、原汁口蘑、烟熏香肠、红油蚕豆、登雾云腿、翡翠豇豆、炸南瓜花、火烧紫茄、茄汁葱瓜、三色青豆、糟香竹笋、五香牛肉、琉璃桃仁、卤汁香菇。

四双炒：脆熘明虾——焦熘鳝桥、植蔬四宝——桂花干贝、软炸冬菇——芝麻鱼饼、爆野鸡片——金钩兰片。

八大菜：罗汉大会、海参鸡腿、首乌蹄髈（二汤）、挂炉全鸭（带二咸点）、荷花鱼肚、双龙戏珠、河蚌仙菇、清蒸樊蝙。

一甜汤：橘羹银耳（带二甜点）。

八仙火锅：鸡片、鱼片、腰片、肚片、松菌、冬笋、豆苗、粉丝。

配八味碟：姜丝、蒜泥、葱段、陈醋、椒油、菌油、酱油、麻油。

配四冷蔬：香椿、芫荽、莲藕、萝卜。

四饭菜：干煸鲜蘑、鱼香春笋、麻辣豆腐、生爆茼蒿。

四饭点：米饭、白粥、花卷、素面。

四鲜果：金橘、香蕉、凤梨、苹果。

四茶食：珍眉茶、莲子茶、杏仁茶、桂圆茶。

第四节　地方风味筵席

1. 巴蜀乡间田席：田席又名三蒸九扣席，始于清代中叶，是四川农村流行的筵席，因就在田间院坝设筵，故名。其特点是就地取材，不尚新异，菜腴香美，朴素实惠，菜式以蒸扣为主，风味麻辣香浓。后被餐馆吸收消化，成为大众川菜。

冷盘：中盘金钩萝卜干；八围碟：糖醋排骨、细油兔肝、麻酱川肚、炸金箍棒、凉拌石花、炝莲白菜、红心瓜子、块花生米。

四热吃：烩乌鱼蛋、水滑肉片、烩鸡松菌、烩百合羹。

九大碗：攒丝杂烩、明笋烩肉、炖沱沱酥椒麻鸡块、肉焖豌豆、米粉蒸肉、五花咸烧、蒸甜烧白、清蒸肘子。

点心：酱肉大包。

随饭菜：红油菜头、块白菜、冬菜肉末、炒菠菜。

2. 江苏八仙宴："八仙宴"是对"重荤轻素"传统宴席改革的一种尝试。它选用多种食用菌为原料，以素为主、以荤为辅，素荤结合，讲究菜品色、香、味、形，达到平衡膳食的目的。为我国传统筵席的改革，调整人们饮食结构，起到了较好作用。

彩碟：仙鹤迎宾。

八围碟：彩丝金菇、鸡丝猴头、舒凫冬虫、太极双耳、鱼香平蘑、蓑衣蘑菇、五香麻菇、虎尾冬菇。

头菜：群仙聚会。

大菜：洞宾牡丹、明珠宝扇、果老金钱、银花雨露、葫芦藏仙、长笛迎宾、荷香风菇、相思玉板。

汤菜：八仙过海。

饭点：食菌炒饭。

3. 西湖十景宴：根据周恩来总理生前指示，杭州烹饪界将西湖十大美景成功地搬上餐席。此席面似景清雅秀丽，集色、香、味、形于一体，是我国工艺筵席中的力作之一。

彩拼：三潭印月。

大菜：**断桥残雪**、平湖秋月、苏堤春晓、柳浪闻莺、南屏晚钟、双峰插云、雷峰夕照、曲院风荷。

汤品：花港观鱼。

4. 湖南熏烤腊筵席：此席选用多种湖南土特产原料，集常用熏、烤、腊三种不同特色，制成各种风味菜点，充分体现了湖南人民的生活食俗。

彩碟：松鹤延年。

八围碟：熏腊香肚、钩吊金银肝、腊鸡胗花、焦麻腊牛肉、叉烧香腰、五香熏鱼、甜酸藠子、油焖冬笋。

四热炒：腊肉冬笋、芹菜鸭条、九味风鸡、红烧寒菌。

六大菜：火方鮰鱼肚、挂炉烤鸭（配薄饼、香葱白、甜面酱）、荷叶火夹兔、网油叉烧鳜鱼、腊味合蒸、玫瑰荸荠饼。

四点心：（二甜）夹沙蛋糕、莲茸小包，（二咸）萝卜酥饼、虾仁烧卖。

四水果：雪峰蜜桔、安江香柚、黔阳冰糖橙、浏阳金橘。

茶食：洞庭君山毛尖名茗。

5. 福建12名菜席：福建12名菜是闽菜佳品的荟萃。丰富多彩的佐料，独具一格的烹制方法，体现了闽菜清鲜、和醇、荤香、不腻的特色。

七星丸、烧桔巴、太极明虾、烧片糟鹅、高丽海蚌、油焖红鲟、白炒鲜竹蛏、菊花鲈鱼球、凤冠白木耳、煎糟通心鳗、佛跳墙（配蓑衣萝卜1碟、油芥辣1碟、熟火腿片拌豆芽1碟、冬菇炒豆苗1碟，银丝卷和芝麻烧饼）、清汤鸡。

6. 安徽家筵席：这是一组家庭便筵，具有就地取材、选料广泛、组合灵活多变、经济实惠等特点。

四冷菜：香肠、风鸡、卤豆腐干、拌白菜心。

五热菜：炒鱼片、荤炒素、麻辣豆腐、八宝饭、红烧蹄髈。

一汤：清炖鸡。

7. 山东筵席：这是一组由山东名菜组合起来的筵席。它选料精细，庖制独特。

四冷碟：槽口条、羊肉串、烤牛肉、辣白菜。

四热炒：清炒海虾、双爆菊花、抓炒鱼条绣球干贝。

六大菜：扒原壳鲍鱼、锅烧全鸭（带薄饼）、清蒸加吉鱼、炸蛎黄、糖醋黄河鲤鱼、扒牛肉条。

一甜菜：京炒三泥（带核桃酪）。

一饭汤：奶汤蒲菜。

8. 岭南荔枝筵：这是一桌荔枝全席。它以荔枝为主料，辅以飞潜动植，有特异的岭南风味。

二热荤：香荔滑鸡球、荔簪田鸡腿。

七大菜：瑶柱鲜荔羹、荔枝焗乳鸽、荔肉蒸鹅脯、荔荷炖鸭、荔枝蒸鲳鱼、五彩炒荔枝、荔椰西瓜盅。

9. 谭家菜席：谭家菜是清末官僚谭宗俊和谭瑑青父子将京菜与粤菜融合起来而创制的一种官府菜，家庭风味浓郁，南北人士适宜。现北京饭店七楼风味餐厅专门供应谭家菜品，顾客盈门，座无虚席。

六酒菜：叉烧肉、红烧鸭肝、蒜茸干贝、五香鱼、软炸鸡、烤香肠。

十大菜：黄焖鱼翅、清汤燕菜、红烧鲍鱼、扒大乌参、草菇蒸鸡、银耳素烩、清蒸鳜鱼、黄酒焖鸡、清汤哈士蟆。

三茶点：杏仁茶、麻茸包、酥盒子。

10. 全聚德烤鸭席：全聚德有100多年的历史，以经营北京烤鸭驰名中外。烤鸭席实际上也是全席，规格多种。

冷荤：孔雀鸭掌、芥末鸭膀、酱鸭片、炝菜花、卤鸭胗肝、拌膀丝、八宝菠菜。

热菜：鸭茸鱼翅、炸板鸭凤尾、糟溜三白、鸭油菜心、珍珠舌耳汤。

烤鸭：北京烤鸭、荷叶饼、芝麻空心烧饼、葱酱。

汤菜：鸭骨汤。

甜菜：杏仁豆腐。

11. 长安八景宴：长安八景系指华岳仙掌、骊山晚照、灞柳风雪、曲江流饮、雁塔晨钟、咸阳古渡、草堂烟雾和太白积雪。八景宴将八大胜迹形象地再现于盘中，融口福、耳福、眼福于一炉，为筵席一绝。

冷盘：（古城十三花）

主盘：雁塔晨钟。

四荤：烧鸡、凤尾鱼、香肠、酱牛肉。

四素：红、白、黄、绿四色蔬菜拼制。

四花：牡丹叉烧、荷花蛋白、菊花葱丝、梅花鸭舌。

大菜：华松扒熊掌、晚霞映牛舌、灞柳雪花鸡、曲江雏鹑饮、金枣晨钟糕、渭水团鱼汤草堂烧八素、雪山伞金鱼。

四味细点和水果。

12. 盖州三套碗：古盖州即今辽宁省盖州市。此席在清初就很盛行。"三套碗"，指的是餐具。它多为精致的豆绿色花边坑碗，包括杯碗、中碗和汤碗三种，分别盛装不同的肴馔。该席菜点共41道，还可演变其他格式。

四干果：瓜子、冰糖、紫桃、果脯。

四鲜果：白梨、苹果、葡萄、瓜饯。

四泡果：青梅、橘饼、桂圆、葡萄干。

八个压桌碟：蛋肠、肉肠、粉肠、卤肝、叉烧、肘花、松花、肉丝炒咸菜。

第一大件：葱烧海参、两点（马蹄酥、菊花酥）、四烩菜（三丝鱼翅、芙蓉口蘑、烩干贝、烩鱼骨），用第一套杯碗。

第二大件：清蒸鱼、两点（舍丝饼、炸春卷）、四烧菜（溜虾菇、刺猬鱼、烧二冬、炒三鲜），用第二套中碗。

第三大件：扒肘子、两点（三鲜饼、喇嘛糕）、四汤菜（烩羊粉、鸡蛋糕、佘鱼脯、木梳背扣肉），用第三套汤碗。

13. 洛阳水席：这是洛阳传统名席，以燕菜领衔。由于席中重汤，故有水席之称。

冷盘八个：

四荤：卤肉、猪肝、肚子、皮冻。

四素：莲菜、芹菜、白菜、石花菜。

大件四个：燕菜、肚子、黄焖鸡、八宝饭。

八个小碗：肉片、二件、水丸子、焦炸丸、鸡血汤、三丝汤、肚丝汤、烩红菜。

四压桌菜：条子肉、松鼠鱼、烧丸子、酸辣白菜汤。

14. 桂林展销筵席：这是一桌典范广西筵席。它受到粤菜的影响，但在许多方面又与粤菜不同。其中选用了穿山甲、蛤蚧等特殊原料，制作上也有独到之处。

冷菜：花生、泡菜、孔雀喜迎宾、八单碟（盐水大虾、卤水墨鱼、鸡丝海蜇、三色蛋糕、汾酒牛肉、蜜汁叉烧、油炝青瓜、桂林马蹄）。

正菜：笋花明虾球、荷叶盐焗鸡、豹狸烩三蛇、原味纸包鸡、闽虾扣山甲、明炉烤乳猪、蚝油麦穗鲍、糖醋菊花鱼、瑶柱扒瓜脯、虫草炖蛤蚧。

饭点甜汤：桂林马蹄糕、鸡粒蕉叶糍、鲜奶荔茸露、什锦西瓜盅。

水果：沙田柚子、南宁香蕉。

15. 香港大同酒家满汉筵：这桌席是1970年3月24日香港大同酒家为日本富士国际观光团制作的。共有71款风味不同的精美菜式,分两天四餐进食。在接待礼仪上,有比较浓郁的汉唐文化色彩,是博食、养食、精食、雅食相结合的范例。

摆台:供奉粉塑三宝象、八大仙和祥瑞兽;青铜大鼎中燃点檀香;奏"八音"乐曲。

第一日午宴:孔雀开屏、王母蟠桃、祝春锦绣、嘉禾官燕、挂炉烤鸭、雪耳鸽蛋、白灼香螺(带咸点)、瑞草灵芝、翡翠秋叶、鲜虾鱼皮角。

第一日晚宴:龙楼凤阁、桂花脊髓、蛤扣鸡皮、飞鹏展翅、大红乳猪、海上时鲜、红烧网鲍片、油淋北鹿丝(带甜点)、茶腿冰玉爽、椰子西山饼、桂花时果露。

第二日午宴:雁落平沙、雪影红梅、宝鼎明珠、广松仙鹤、脆皮鸡、红烤果子狸、珊瑚北口蛤、时蔬扒鸡䐃(带咸点)、宝蝶穿花、凤舞罗衣、蚧鳌片面。

第二日晚宴:双飞蝴蝶、比翼鸳鸯、金笋鸽条、京扒熊掌、婆观蚬鸭、哈尔巴、松子烩龙胎、蘑菇扒凤掌、酸辣汤(带甜点)、奶黄莲子酥、桃仁泡香枣、鸳鸯奶露。

四生果、四京果、四水果、四蜜碗、四糖果、杏仁、瓜子。

思考题

1. 中式筵席是如何分类的?各有哪些特点?
2. 古典名席在筵席的发展中起到哪些作用?
3. 学习各式全式筵席后有何感想?
4. 地方风味筵席各有哪些特色?

第三章 西式宴会

第一节 西式宴会的分类及特点

一、鸡尾酒会

这种酒会是西方传统的集会交往的一种宴请活动形式,便于广泛接触交谈。酒会所用的各种面包托,小吃由冷菜间制作。

例:

1. 面包托:将方面包切成厚0.5厘米左右的薄片,烤成外表稍上黄色(不能干硬),在面包片的一面抹上黄油备用。

可以做成以下各种面包托:①煮熟鸡,②火腿,③煮鸡蛋,④肠子,⑤计司,⑥酸黄瓜,⑦西红柿,⑧红鱼子,⑨沙丁鱼,⑩黑橄榄等。放在抹好黄油的一面面包上,用刀切去面包的四个硬边后,切成三角形、四边形或圆形。

2. 按以上顺序加调料或少司如下:①上面加马乃司,②芥末酱少许,③上面的中间加梅林西红柿少司,④上面不加别料,⑤可加一圆片鲜黄瓜,⑥加少许葱头末,⑦加少许香桃片,⑧加少许葱头薄圆圈,⑨不加别料。

以上各种面包托,可混合地摆在铺了剪出花型口纸的盘子上,每块插上牙签后即可。

二、冷餐会

它的特点是在台上摆设各种凉菜、水果、点心，让客人自己挑选品种。

例：

菜类：素沙拉，
　　　西红柿沙拉，
　　　鲜黄瓜沙拉，烤羊腿
　　　红菜头沙拉，烤牛肉
　　　冷龙须菜
　　　酸黄瓜
　　　冷火腿片
　　　鸡沙拉
　　　各种肠子
　　　红鱼子
　　　黑鱼子
　　　冷鱼冻
　　　冷大虾
　　　马乃司鱼
　　　泡菜
　　　生菜
　　　束法鸡
　　　烤腌火腿等等。

主食：法式小尖面包，黄油。

点心：奶油木斯和各种水果。

单上各种少司和配料如下：

烤羊肉原汁、烤片肉厚汁、辣根少司、芥末少司、西红柿少司、醋油少司和炸土豆丝等。什么菜跟什么少司,只能上烤菜类。

三、西餐便宴

这里西方国家的一种请客方式。热菜可上一道,最多不超过三道,强调菜、汤的颜色,口味的搭配。

例:

1. 冷菜:肝泥子冻。
2. 汤:鸽蛋鸡清汤。
3. 热菜:烤大虾、口蘑牛排、红酒烩鸡块。
4. 饭点:火烧冰激凌。
5. 牛奶:咖啡、面包、黄油及水果类。

四、茶话会

茶话会是备有菜点的集会,多为人民团体举行纪念和庆祝活动所采用,一般多在下午举行。

茶话会所用茶点与各种饮料,统属厨房配备。

例:

1. 茶点(西餐糕点间):①蘑菇饼干,②翻砂糖饼干,③清酥小马蹄,④花边油蛋糕。
2. 饮料:①咖啡,②牛奶,③可可,④香桃片,⑤红茶,⑥方糖。

第二节　各式西式宴会

一、英国菜

特点是:油少、清淡,调料很少用酒。常用的调味品有盐、胡椒粉、醋、色拉油、芥末酱、辣酱油、番茄沙司和酸果等。主要烹调方法有清煮、烤、清烩、煎、炸、焗等。

菜单例一：

头盘：冷鸡片配土豆沙拉。

　汤：牛肉茶清汤。

主菜：烤羊腿。

点心：巧克力排。

　　　小杯咖啡。

菜单例二：

冷盘：虾仁杯。

　汤：青豆泥子汤。

主菜：糖油烤腌火腿。

饮点：牛油布丁。

　　　小杯咖啡。

　　　水果。

二、法国菜

特点是：选料广泛，用料新鲜，烹调讲究，花色品种繁多。调味讲究用酒，要求严格，清汤用葡萄酒，海味用白兰地、白酒，肉类和家禽用啥利酒、麦台酒，野味用红酒，各种点心和水果大都用甜酒。主要烹调方法有：烤、炸、焖、扒、烩等。法国菜讲究生吃，所以选料严格，如烧牛肉、烧羊肉等菜，只需烧到七八成熟即可，烧野鸭和桔子肉，只需三四成就可食用。

菜单例一：

冷盘：烤蛤蜊。

　汤：葱头汤。

主菜：芥末牛里脊片。
饭点：香草苏夫力。
　　　小杯咖啡，鲜水果。

菜单例二：
冷盘：火腿，龙须菜配生菜。
　汤：牛肉清汤跟少司条。
主菜：荷兰少司烤鳜鱼。
　　　鸡血红酒烩鸡块。
点心：香桃排。
　　　小杯咖啡。

三、意大利菜

特点是：味浓，以原汁原味闻名，口味喜辣和酸甜。烹调以炒、煎、炸、红烩、红焖等法著称。并用各种面食类，如馄饨、面条、饺子、炒饭、面疙瘩等作为菜用，而不当粮食用。

菜单例一：
冷盘：什锦拼盘。
　汤：蔬菜汤。
主菜：清煎小牛肉片。
　　　通心面条西红柿少司（加计司末）。
点心：三色木斯。
　　　小杯咖啡。

菜单例二：
　汤：雪蛋鸡清汤。
主菜：菠菜面条肉末少司（跟计司末）。
　　　煎素菜小牛肉卷。
点心：沙巴容。

小杯咖啡。

四、俄罗斯菜

特点是：油大、味重。口味喜吃酸、辣、甜、咸。常用的调味品有：酸奶油、奶渣、柠檬、辣椒、酸黄瓜、洋葱、白塔油、小茴香、香叶等。特别喜食鲑鱼、鲟鱼、鳟鱼、烟熏咸鳁鱼等。主要烹调方法有炸、煎、烤、炖、煮。

菜单例一：
冷盘：肉冻火腿。
　汤：红菜汤。
主菜：油炸鲑鱼。
饮点：奶渣布丁。
　　　维也纳风味咖啡。

菜单例二：
冷盘：肉冻全乳猪。
　汤：莫斯科红菜汤。
主菜：白葡萄酒汁白鲑鱼。
　　　炸里脊。
　　　（带浓汁的）小块焖牛肉。
饮点：普留姆布丁。
　　　华沙风味咖啡。

五、日本菜

特点是：颜色调配适当，柔和，摆成各种图形后（以三、五、七单数摆列），给人以艺术享受。不同季节采用不同原料，品种多，量少，味全，色泽自然。常用的调味料有浓酱油、淡口酱油、梅淋、老酒、砂糖、盐、红大酱、白大酱、深红大酱、黄大酱、深黄大酱、茶等。口味以咸甜为主，清淡而少油腻。主要烹调方法有生、蒸、煮、炸、烤、焖。

菜单：

1. 白菜菠菜芝麻小菜。
2. 烤加级鱼。
3. 油皮卷香菇汤。
4. 生鱼片。
5. 砂锅杂煮。
6. 日式烧猪肉。
7. 大虾团不拉。
8. 马哈鱼卷。
9. 醋酸菜。
10. 墨鱼煮豆腐。
11. 鸡肉素菜酱汤。
12. 红小豆饭。
13. 腌蕨菜。
14. 烤蛋糕豆沙卷。
15. 苹果。

思考题

1. 西式宴会是如何分类的？各有哪些特点？
2. 英、法、意、俄、日等国菜有哪些特点？其主要烹调方法有哪些？

第四章　筵席设计

筵席设计是一种创造性的劳动。其要求是将经过精选的菜点组合成综合性整体，牵涉面广，难度大，技术处理要求高。同时对每一种菜点要从整体着眼，从数量、质量、色泽形态、味觉变化以成菜后的质感属性等关系出发，精心配置。做到均衡、协调、多样化。

第一节　筵席配置的一般要求

一、筵席中各种菜肴的比例关系

在配制筵席菜时，应注意冷盘、热炒、大菜、点心、甜菜的成本在整个筵席成本中的比重，以保持整个筵席中各类菜肴质量的均衡，防止冷盘过分好，热炒菜过分差或相反的现象。

（一）一般筵席

冷盘约占 10%，热炒菜约占 40%，大菜与点心约占 50%。

（二）中等筵席

冷盘约占 15%，热炒菜约占 30%，大菜与点心约占 55%。

（三）高级筵席

冷盘约占 20%，热炒菜约占 30%，大菜与点心约占 50%。

二、筵席菜的数量与质量

筵席菜的数量与质量因受筵席的规格所制约，必须很好地掌握。一般原则是：

1. 在数量上，总的应以每人平均吃到 500 克左右净料为宜。菜肴个数应根据具体情况灵活掌握。个数少的筵席，数量可丰满一些，个数多的筵席，每个菜的数量则可相应的减少。以 12 个菜肴的筵席为例，冷盘原料总共为 1000~1500 克，每个热炒菜的数量为 300~400 克，每个大菜的数量在 750~1250 克左右。不要因量变而导致筵席质变。

2. 在质量的掌握上，要注意两点：

（1）根据筵席的水平高低，在保证菜肴有足够数量的前提下，从主料、辅料的搭配上进行掌握。筵席规格高的，在菜肴中可以只用主料，而不用或少用辅料。例如冷盘可放高档原料的荤刀面（如火腿、鲍鱼、油爆虾等），而尽量少用素刀面（即使用一些质量较好素原料，如香菇、冬笋或刚上市的高档蔬菜）；热炒可用清炒虾仁，清炒鸡丁等；大菜可用鸡汁排翅、一品海参、奶汤鲍鱼等；点心可用花色点心等。反过来，筵席水平低的，在菜肴中配上一定数量的辅料，不然的话，就不符合成本核算的要求，或使菜肴数量过于单薄。

（2）选料要恰如其分。用来烹制菜肴的原料，不仅不同类的品种质量有珍贵和一般之别，即使同类的原料，往往具体品种不同，质量相差也很大。拿虾来讲，河虾、紫虾质量好，海虾、樱子虾质量就差；拿鸭来讲，北京填鸭质量好，草鸭质量差。海参也是如此，乌绉参、番乌参、乌元参、红旗参、灰参较名贵，塔力参、香参、花瓶参就差一些。在配置筵席菜肴时，规格高的筵席应当用高档原料，反之则用一般性原料，否则影响到成本核算或菜肴质量。

三、菜肴的美化与名菜、特色菜的配置

（一）菜肴的美化

为了显示吃的艺术和烹调技术精华荟萃，筵席菜肴配置不仅要注意口味的多样化，还要注意菜肴之间的图案美和色彩美。为此目的，在冷盘中可配置孔雀、凤凰、蝴蝶、花篮等各种花色冷盘及相映的围碟，热炒菜和大菜可制成松鼠、芙蓉、荷花、菊花、绣球等象征性的花色工艺菜，并将配料加工成柳叶形、蝴蝶形、兔形等形状。在大菜和热炒菜的盘边进行围边也是增加美观的一种方法。规格要求很高的筵席往往需要摆设各种食品雕刻（又称看果），如花鸟、禽、兽、楼台、亭阁等，这些虽不能食用，但可提高筵席的艺术性。规格高的筵席，可多配一些花色菜，一般的筵席，则以经济实惠为主。

（二）名菜、特色菜的配置

各个地方菜系中，都有一定的风味别具一格的名菜。在筵席菜肴中，配上富有地方风味的特色菜和名菜，既可领略地方食俗，又能使整个筵席生色不少。

四、筵席菜肴色、香、味、形、质、器的配合

筵席菜肴要注意色、香、味、形、质、器的配合，不仅每个菜要注意这一点，整桌筵席也要讲究和谐与平衡。

（一）色的配合

在筵席菜肴中，菜与菜之间色调配合，应当富于变化，做到赤、黄、绿、白、橙、青、紫，变换使用，互相烘托，不能千篇一律，呆板单调。

（二）原料的配合

在选料方面也应多样化，配有鸡、鸭、鱼、肉、豆、菜、

果,并以时令原料,新鲜原料和干货原料相结合,避免单调。

(三) 刀工成形的配合

有了多种原料,刀工也不能千篇一律,而应采用多种刀法将原料加工成块、片、丝、条、丁、茸、整,使原料形态多样化,从而增加菜肴的形态美。

(四) 口味的配合

口味方面更应该防止单调重复。因此,冷盘、热炒菜和大菜的口味都必须具有酸、甜、苦、辣、咸、鲜、香的不同层次,使每一个菜肴品种都各有风味特色。

(五) 质的配合

菜肴的质感是指菜肴制品给人以酥、脆、软、嫩、糯、肥、爽的食觉。它是由原料本身性质和多种烹制方法及采用的各种技术措施相结合运用而形成的。筵席菜肴质感的多样化,既可体现筵席的精心制作程度,又可给人们提供对筵席美感的一种享受。

(六) 器皿的配合

器皿的选择要符合菜肴色彩的要求和形态的特点,并对菜肴起烘托映衬作用。做到杯、盘、碟、碗、盅、锅(火锅、砂锅、汽锅)、盐等,交错使用,该用汤盆的,绝不用炒盘,该用腰盘的,绝不用浅盘。菜肴与器皿的配合影响整桌筵席的形态美观,不可忽视。

五、筵席菜肴的季节性

筵席菜肴要与季节相适应。要根据季节的变化,更换菜肴的内容,特别要注意配备各种时令菜,使筵席更为生色。

烹调方法也要与季节相适应。如冬天着重用红烧、煨、火锅、菊花锅等色深而口味浓厚的烹调方法,夏天则宜用清蒸、烩、冻和白汁等口味清淡的烹调方法。

六、筵席点心和甜菜的配置

在不同档次的筵席中，点心少至一至二道，多为四至八道。这就要求在口味上注意甜、咸适当搭配，在质感上有松、酥之别，在形象上应根据办筵目的，做成各种象形花色点心，并在点心盆边进行美化围边，增加点心色彩的艳丽和形态美观，促进筵席气氛的强烈性。

甜菜（包括甜汤），在筵席所占比重较少，一般是一至二道。品种应根据季节变化，可冷可热，或干或稀。为了适应外宾的习惯和需要配以火烧冰激凌、巧克力冰激凌替代甜菜。

第二节 筵席内容的组合

我国筵席源远流长，富于变化，它不是菜点的简单拼凑，而有内容规律可以探寻。因此，要设计和制作筵席，首先应了解筵席内容的组合形式。

筵席属于高级的宴饮形式，遵照我国的文化传统，它很重视菜点的组合与进餐的节奏，还要求"境由心造""聊欢共乐"，内发外铄，各成体系，形成千姿百态的格局。故在内容上，通常要有冷盘、热炒、大菜、甜食、汤品、饭点、蜜果、茶酒诸方面的食品，这些食品大体上分三个梯次有计划按比例地依次上席。所以，不论何种席面，它的组合内容一般都是三大部分，如同雄浑和谐的交响乐一般，从序曲经高潮到尾声，分层推进，前呼后应，一气呵成。

（一）冷菜和酒水

筵席的第一组食品是冷菜和酒水，这系"前奏曲"，要求先声夺人，引人入胜。

冷菜又称冷盘、冷碟、冷拼或花碟，有独碟、双拼、三相、四配、六样、八齐，以及花色大拼带围碟等多种形式，全系冷食。数目可多可少，视筵席规格而定。用料荤多素少，制法有卤、冻、熏、拌、炝、腌、醉、酿、白煮、挂霜等。讲究味变、刀面和装盘，要求质精形美、小巧玲珑，能起到诱发食欲、导入佳境的作用。

"无酒不成席。"筵席中的酒水可配二至五种，白酒、黄酒、果酒、药酒、啤酒、果汁、矿泉水和营养饮料兼而有之，可视节令与宾主嗜好而定。选用酒水要注意与菜点协调，名酒配名菜，地方菜配地方酒，相得益彰。

（二）热炒和大菜

筵席的第二组食品是热炒菜和大菜，叫做"主题歌"，以跌宕起伏的波峰浪谷逐步把饮宴推向高潮。第二组食品是筵席的主体，质量要求较高。

热炒又称行件，通常上4~6道，在冷盘与大菜之间起过渡作用。热炒的技法有煎、炒、爆、熘、炸、烹、煸、贴，可单炒也可双炒，现烹现吃，一热三鲜。热炒多系"抢火菜"，一般不造型，主要在手艺上显功夫，以色艳味美鲜香爽口者为佳。其量不宜多，防止喧宾夺主。

大菜亦称行菜、正菜、主菜，是筵席的台柱，多为5~8道，也有超过此限的。大菜包括头菜、荤素大菜、甜食和汤品四项。

头菜即首菜，为筵席中最好的菜。常用山珍海味和名蔬佳果配制，用烧、扒、烤、蒸、煨等法制作，整只、整块、整条置于大盆、大碗、大盘之中率先上席，要求香酥、爽脆或鲜嫩、肥美，以质与量上高于所有菜品，领衔压阵，统帅全席。

荤素大菜是护卫头菜的几大"金刚",一般包括家畜类、禽类、水产类和瓜蔬菜,大都选用本地应时当令的名特原料,用焖、蒸、炸、熏、煮、氽等法制成。它们紧随头菜,映衬头菜,既要与头菜相配,又不得主客易位。

甜食通常1~2道,个别大宴也有4~8道的,品种可干可稀,冷热随季节变化,原料多为果蔬,亦可用菌类或肉蛋,制法有拔丝、蜜汁、挂霜、糖水、煨炖、蒸酿等。其作用是调换口味,解腻醒酒。

汤品一般有清汤、奶汤、汤菜和乡大汤之别;按入席顺序分为首汤、二汤、配汤和座汤。首汤又称开席汤,这是广东常用的食俗;二汤紧随头菜,是辅佐红花的绿叶;配汤跟随荤素大菜,可以彼此调剂;座汤也称饭汤,置于大菜末座,质量要好。筵席汤品可制成羹、粥、乳、汁,或清澈如镜,或浓酽如奶,可肥润,可香鲜,工艺要求十分讲究,有"唱戏行腔,做席靠汤"之说。冬季的座汤多用火锅、边炉替代。

(三) 饭点和蜜果

筵席的第三组菜品是饭点和蜜果,其内容包括饭菜、点心、果品、香茗四项。这是"伴奏乐队"或"尾声",要求锦上添花,余音绕梁。

饭菜即筵席中最后上的小菜,也称"香食",是供下饭用的。或二或四、或六或八,以素为主,兼及荤腥,还可精选名特酱菜、泡菜、腌菜替代,以小碟盛装,刻意求精,给赴宴者留下口角吟香的余韵。

点心通常随大菜中的甜食或饭菜上席,咸带咸,甜带甜,可分上,也可齐上。品种有糕、糊、饼、酥、卷、角、皮、片、包、饺、面、点、饭、粥、奶、羹,至少1~2道,多为4~8道,最多可达36~48道。筵席点心力求精致小巧,造型美观，每件不超过25克为宜。

果品主要用鲜果，也可用干果、果干、果脯或蜜饯，多为双色或四样，名称有四鲜果、四酥仁、四脯干、四蜜盏、四茶点、四香碗、四甜品、四手碟等。须用时令佳果和著名品种，要削皮、去核、切片、插签、摆成图形，置于细瓷小碟之中。果品功用解腻，清食。

香茗通常只用一种，亦可将红茶、绿茶、花茶、乌龙茶备齐，听凭选用。茶须名茶，茶具古雅。上茶多在撤席后，主客品茗谈心，肴馔虽尽其乐无穷。

第三节　西式宴会内容组合

西餐宴会的内容组合因受其传统文化的影响，形成了自己应有的格局，内部结构与我国筵席却大同小异。

（一）冷盘与酒水

西餐冷盘和中餐冷盘基本相似，都是用各种烹制后的原料，切拼起来装在一只大盘内，配以用蔬菜刻成的花、鸟作为点缀品，又称什锦冷盘。

西餐宴会中常用的酒水有红酒、白酒、烈性酒和低度酒。饮料有咖啡、可可、牛奶、各种果汁和格瓦斯等。视宾主嗜好而选用。

（二）汤菜类

西餐中的汤，除冷盘外，大都作为第一道菜，起到润喉作用，然后再吃其他菜。一般西菜都配有两道汤，一清一浓，由客人自己挑选。中饭大都备清汤、本色浓汤；晚饭大都用奶油浓汤，清汤备用。

（三）主菜

宴会中的大菜，主要选用水产类、牛肉类、猪肉类、家禽类、野味类以及蔬菜中的精料，用烩、焖、烤、铁扒、炸、煎等法，配上各种沙司制成的菜肴。其形式不同而内容各异。便宴主菜可上一道，最多不超过三道，其特点是现做现吃，以热为主，讲究菜、汤颜色、口味的搭配。大型冷餐宴会是将整条的鱼、整只的家禽、肉类、野味、生菜（色拉）、冰架、糖花篮、水果、点心等摆在大型长台上，当客人入席时，厨师就在现场开刀，让客人自己挑选食品，然后端到周围的台上去吃。其特点是都是在晚饭后举行，宴会时间较长，食品数量也多，在宴会过程中，大都有节目表演。

（四）饭点与水果

宴会中的主要饭点有三明治、布丁、三色慕斯、巧克力、冰激凌和各种水果煎饼。饭点通常配用小杯咖啡。

第四节　食品雕刻在筵席中的运用

食品雕刻是烹饪技术与造型艺术的结合，在筵席中运用的目的是：装饰菜肴，美化筵席，增加菜肴色、形的感染力，诱人食欲，给人以高雅优美的享受。

雕刻花样繁多，在筵席中的运用也灵活多样，并无固定的格式和规则。一般应用有以下三种情况。

（一）雕品在冷菜中的应用

雕品在冷菜中主要用来点缀、衬托冷盘，给普通冷盘增加艺术色彩，给花色冷盘增加艺术感染力，提高欣赏价值。例如，在普通的冷盘中，适当点缀一些花朵或花边，就能使冷盘生色不少。在花色冷盘中雕刻某些关键部位，就能增加立体色彩，如在"孔雀开屏"的冷盘中使用雕刻头部，形象就会显得生动。又如在结婚筵席冷盘中放上一个雕刻精致美观的红双喜，就更加增添喜庆的美好气氛。在夏季的筵席上摆上一个西瓜盅，显得特别雅致，招人喜爱；对寿辰的筵席，刻上福、禄、寿、喜等字，使整个筵席增添活跃气氛。在高级宴会上用上几种带雕刻的花色冷盘，更显富丽堂皇的色彩。

（二）雕品在热菜中的应用

雕品在热菜中一般用于汤汁少或无汤汁的菜肴中。其中以大件菜和造型花色菜中应用较多，如在烤鸭或烤乳猪的大盘边放上一朵牡丹花或月季花，就显得特别美观雅致；在炸一类菜中，适当点缀雕品，也能使菜肴生色不少。雕品在筵席菜肴当中要运用得体，一桌酒席只能出现1~3个带雕品的菜肴为宜，过多反而显得累赘。一定要注意应用效果。

（三）雕品在席面上的应用

雕品单独出现在席面上，一般都是高级宴会或筵席，特别是大型宴会使用得比较多。主要的形式是组装的花坛，迎宾花篮等。一般筵席上，只摆设一些盆景，鸟兽等小型的立体雕品。在席面上适当运用一些雕品装饰，可以渲染活跃筵席气氛，提高筵席档次，为宾客增添欢乐、愉悦的情趣。

思考题

1. 筵席配置一般要求有哪些？
2. 简述筵席内容的组合。
3. 西式宴会内容组合有哪些？
4. 简述食品雕刻在筵席中的运用。

第五章　筵席组织与实施

第一节　筵席菜肴制作前的准备工作

周密的准备工作是筵席成功的保证。制作筵席菜肴需要做制定菜单、备料、切配、烹调、服务等大量准备工作，必须环环抓好，以免临场忙乱，出现差错，影响整个筵席的菜肴质量和服务质量。筵席菜的准备工作有下列几个方面。

（一）制定筵席菜单

制定筵席菜单对筵席组织与实施有着指令性的作用。筵席菜单应当根据主办单位和客人的意图、要求及规格水平，按照筵席菜的配制要求，具体抓好五个方面：

1. 分清主次。在制定菜单时，首先要全盘考虑，做到主行宾从，格调一致，前奏和尾声要服从主题歌的旋律。也就是说冷盘、饭菜和点心应视热炒、大菜而定，不能喧宾夺主。

2. 突出重点。就是全席菜品重点突出大菜，大菜中突出头菜，使其用料、工艺和质地都高出一等，带动全席。

3. 发挥所长。充分施展本地本店的技术专长，避开劣势，选用名特物料，运用独创技法，力求新颖别致，令人耳目一新。

4. 显示独特风味。一个地区有一个地区饮食特色，有独特的烹饪原料，也有独特的菜点。在制定菜单时，首先考虑到当地的名菜、名点、名酒、名茶，才能展示当地的食俗和风土人情。

5. 注重"荤素搭配"。筵席菜肴的组合，除某些具有特色风味的单料菜外，尽量做到少配"单料菜"。应提倡在主料中搭配辅料，特别是注意搭配蔬菜、瓜果类。搭配辅料能起到增补主料所含营养成分不足或缺乏，并对主料可起到增添色、香、味、形的较好效果。对改善和提高菜肴的营养质量和食用价值均有一定好处。同时还应酌情增加素菜在整个筵席菜肴中所占的比例，处理好我国长期以来形成的重荤轻素的观念。充分发挥素菜的营养特长，或者增添以植物性原料为主料，动物性原料为辅料的菜肴。如湖南的祖庵豆腐、红扳酿肉，北京的八宝豆腐，四川的麻婆豆腐，江苏的煮干丝，都富有风味特色，应该提倡和推广。

（二）根据成本核算要求，正确掌握毛利幅度

一桌宴席无论是高档、中档或一般都有一定价格，根据本单位的毛利率正确计算成本，对每只菜肴价格安排合理，才能体现出筵席的质量与数量。若是一桌筵席的总售价超出顾客所定规格，本单位就要亏本；若是达不到顾客所定规格，既有损于消费者的利益，又影响到本单位的声誉。

（三）检查原料是否配备齐全

原料是否配备齐全，是按质按量按时完成筵席菜肴制作的前提；如发现原料不足或某些原料不符合要求时，应及时采取补救办法，以保证筵席圆满完成。

（四）事先做好各种海味、干货的发料、加工等工作

海味原料是筵席大菜中的主要用料，涨发好坏与筵席有着直接的关系。如果涨发不足，不仅影响菜肴的味，还要影响成本核算；涨发过火，也会造成量多质差；只有恰到好处，才能使菜肴保质保量。

（五）根据各种菜肴的要求，配好色、香、味、形，并考虑到烹制后的菜肴质感要求

一桌筵席每道菜肴的配制，都与色、香、味、形有着内在的联系。要采用"清者配清，浓者配浓，柔者配柔，刚者配刚，方有和合之妙"的原则。结合合理的烹调，才能充分体现出一菜一格、百菜百味的特点。

（六）烹调方法复杂的与加热时间较长的菜肴，应事先进行烹调

目的有二：其一，适应烹调方法复杂和加热时间较长的原料，均为质地较老、体积较大，难以入味的原料，必须经过较长时间加热，菜肴质感才能达到要求。其二，使客人能准时就餐，并能调节不同规格筵席同步进行。

（七）检查炉灶，使之便于运用各种火候

一桌好的筵席，是由多种不同性质原料、多种不同刀法和多种烹调方法组合而成的。为了适应上述因素，只有依靠不同火候来完成，因此，厨师在筵席前必须检查好灶炉的不同火候，以便在制作菜肴时忙而不乱。

（八）检查全部用具、炊具、餐具（盘、盆、碟、碗等）

筵席前的准备工作是一项十分细致的工作。它包括各种调味料是否配备齐全，适应各种不同烹调方法的用具是否到位，各种不同餐具数量与菜肴数量、规格、色彩是否配套一致。

（九）安排好人员分工，使各项工作有条不紊地顺利进行

筵席是一项整体工作。必须分工明确，专人负责，把已确定好的菜单、开席时间、上菜程序以及宴会的性质、参加人数、具体要求事先向有关人员宣布，做到各负其责，使各项工作有条不紊地顺利进行。

（十）认真做好各项清洁卫生工作

清洁卫生的好坏，是反映职工素质和文明生产的重要标志。从厨人员必须具备良好的职业道德，搞好个人卫生和周围环境卫生，充分表现新一代饮食服务业的精神面貌。

第二节　筵席摆台

筵席摆台，就是为客人就餐确定席位，提供必需的就餐用具工作，是筵席的重要组成部分。它包括：铺放台布、安排席位、摆放餐具、美化台面等。铺设后的餐台要求台面清洁卫生，餐具、调味品、鲜花等摆放得当，同时台面造型应根据主办筵席性质合理安排，使台面图案与筵席性质相吻合，令人有清新舒畅、气氛强烈的感觉。

摆台分为中餐摆台、西餐摆台、中菜西吃摆台三种。

一、中餐摆台

中餐摆台一般使用圆桌或方桌。摆台时，先铺上台布，再摆上各种餐具，如骨碟、小汤、匙、筷、水杯、红酒杯、烈酒杯等。这些餐具的选择是根据就餐的需要而定的，每样餐具都有其自己的用途。

筵席摆台除了每个人的餐具之外，桌上还有一些公用的餐具、用具和点缀品，如公匙、公筷、调味品、烟灰缸、牙签盅、花瓶等。花瓶在餐桌的正中，其他物品的摆设要求对称、整齐、协调和方便宾客使用。隆重的筵席，餐桌要求铺设花卉、图案进行美化。

二、西餐摆台

西餐摆台一般使用长台和腰圆台。摆台时，先在台上放上垫布，在垫布上铺上台布，然后摆放餐具。餐具一般是按照菜单摆放，品种较多，常用的有各种餐刀、餐叉、餐勺，起司盘和各种酒杯、咖啡匙等。

调味品一般有盐、胡椒、酱油和色拉油，通常放于调味架内。另外，还有牙签盅、烟灰缸等。

西餐摆台的基本要领是：菜盘正中，盘前横匙、叉左刀右，先外后里，刀口相内，饮具在右。要求是台形端正，配套分明，整洁统一，应有餐具与菜单排列的菜点相符。

三、中菜西吃摆台

中菜西吃，是传统中菜用餐习惯的改革，它既保留了中菜的优点，又吸收了西餐用餐方式的长处。采用分食法，是一种值得推广的就餐形式。

常用的餐具有：菜盘、筷、骨碟、筷搁、水杯、红酒杯、烈酒杯等。如需要还可放上刀、叉等餐具。因是分食法，公筷、公匙可不放，其他与中餐筵席摆台相似。

第三节　筵席上菜程序

一、中餐筵席上菜程序

筵席菜肴的上席，是根据筵席规格和菜品的组合内容与进餐的节奏，有计划、按比例地依次上席。它的正确与否，对提高筵席服务质量，增进人们食欲都有着十分重要的意义。按照我国传统饮食文化的要求，其原则是：先冷后热、先炒后烧、先上咸的味淡的菜，后上甜的味浓的菜。具体上菜程序是：冷盘→热炒菜→头菜→大菜→甜菜（随带点心）→大菜→饭菜

(又称香食、随菜）→水果。

（一）冷盘

冷盘菜一般由多种原料、多种味型组成。在开席前几分钟上席，回味无穷的冷盘起到先声夺人、诱发食欲的作用。

（二）热炒菜的上菜程序

热炒菜有不同的口味和不同的质量，上菜程序从质量方面讲，应是质优的先上；从烹调方法讲，应先上滑炒、爆的菜肴，然后再间隔上其他烹调方法烹制的菜肴。例如，烩鸭掌、鸽蛋吐司、宫保鸡丁、清炒虾仁四道热炒菜，应先上清炒虾仁，接着上宫保鸡丁，再上鸽蛋吐司，最后上烩鸭掌。如果其中的清炒虾仁换成炒蟹粉，那么，根据质优先上这一原则，就应该先上炒蟹粉，但接着上宫保鸡丁会使人觉得口味平淡，因此接着上鸽蛋吐司，而后再上宫保鸡丁。因为上了鲜味很浓的炒蟹粉后再上滑炒类菜肴会使人觉得口味平淡，所以要上油炸的，口味干香的菜肴，以调剂口味。这样，更适合人们的口味要求。

（三）大菜的上菜程序

大菜是筵席中的主菜，以头菜为龙头，多选用质优价贵的鱼翅、燕窝、海参等为主要原料。而且整个筵席往往以这类菜肴定名，如头菜是鱼翅的，称为鱼翅席；是海参，称为海参席；是燕窝、鱼翅的称为燕翅席等。

上了头菜之后，则要间隔上其他大菜，甜菜串插在大菜之中，并配随点心以调剂口味，最后上汤。汤的滋味宜于清鲜，不宜浓厚，以便给人们清口的感觉。

（四）饭菜与水果

饭菜是高级筵席中接近尾声所上的几道小菜，供下饭之用，多素少荤，又称随菜。

水果上席是筵席过后的最后一道程序，以解腻、消食为目的，表示筵席圆满结束。

二、西餐筵席上菜程序

西餐的菜点，由于客人就餐的标准和要求不同，道数有多有少，花色品种也不一样。其上菜程序如下：

第一道上面包白脱。将面包装在小方盘内，盖上清洁的口布，另用白脱盅装上与面包数量相与的白脱，在开席前5分钟左右送上。

第二道上果盘或水果杯、海味杯。果盘是一种装有多种菜肴的冷盘，吃果盘使用刀叉，吃水果杯、海味杯使用茶匙。

第三道上汤。汤分清汤和浓汤两种。清汤又分冷清汤和热清汤两种。冷汤用冷的盘子装，热汤须用热盘子装，以保持汤的美味。汤用汤匙。

第四道上鱼。鱼的种类很多，每种鱼的烹调方法也各不相同，因此配备的沙司也不一样。吃鱼使用的是鱼刀、鱼叉。

第五道上副菜。副菜一般称为小盘，具有量少、容易消化的特点。如红烩、白烩的菜肴，焗面条和各种蛋等。吃副菜用中刀、中叉。

第六道上主菜。主菜又称大盘，跟有几色蔬菜和卤汁。吃主菜用大刀、大叉（又称肉刀、肉叉）。

第七道上点心。点心品种很多，吃不同的点心用的餐具也不同，有点心匙、点心叉、茶匙等。吃冰激凌，应将专用冰激凌匙放在底盘内同时上席。

第八道上干酪，又称"起司"，一般由服务人员分派。将一只托盘垫上口布摆上几种干酪、面包或苏打饼干和一副中刀、叉，送到来宾左侧，让客人自己挑选。

第九道上水果。上水果时同时送上洗手盅。吃水果用水果刀和叉。

第十道上咖啡。在客人吃水果时，就可将咖啡杯（一套）放在水杯右面。送上奶油盅、糖盅，然后用咖啡壶为客人斟上咖啡。斟好咖啡后，收下水果盘和手盅，将咖啡杯移到客人面前。

三、日本筵席上菜程序

日本菜的上菜程序因道数不同（如花道、茶道）、区域不同（如关东、关西）而有所差别。有些菜可有可无，高级一些的宴会可加入潮汁等其他道菜肴。

日本菜因受中国菜和西餐的双重影响，在上菜程序上形成了自己的独特风格。其基本程序是：小菜→酒菜→清汤→生鱼→杂煮→烤食→田不拉→蒸物→醋酸菜→煮类→酱汤→米饭→腌菜→甜点→水果。

1. 小菜：属冷食类菜肴。多选用荤、素原料经加工、凉拌而成，供佐酒之用。

2. 酒菜：用热制方法制成专供佐酒的菜。著名的菜肴有烤加级鱼等。

3. 清汤：日本菜汤可分两大类，即清汤、酱汤。清汤特点是味道浓郁、清香可口。是宴席中的首汤。

4. 生鱼：日本人有喜食生鱼的嗜好，也是宴席的重要组成内容。

5. 杂煮：煮是日本的主要烹调方法。杂煮就是将多种原料放入砂锅或火锅之中煮熟，属宴席中的大菜。

6. 烤食：烤是日本的主要烹调方法。烤食菜肴包括烤法在内，是大菜的主要制法。

7. 田不拉：将原料挂上全蛋糊，放入温油锅内炸，随后配带田不拉蘸汁食用。是炸制大菜的主要手法。

8. 蒸物：蒸是日本的主要烹调方法。蒸物是指蒸制大菜。

9. 醋酸菜：醋酸菜属冷食类菜。大菜过后，上醋酸菜起到调剂口味、增进食欲的作用。

10. 煮类：宴席接近尾声，可根据不同规格，配制不同煮物上席。

11. 酱汤：可视为饭汤。

12. 米饭。

13. 腌菜：类似我国随饭菜。

14. 甜点：是日本人生活中常用佳品。

15. 水果：消食解腻，表示筵席结束。

四、上菜注意事项

不论中餐上席或是西餐上席，都应注意以下几点：

1. 认真把关。生产人员和服务人员应密切配合，把握好每道菜肴的色、香、味、形、质、器以及卫生是否符合要求，数量是否标准，如发现问题，应及时采取补救措施。

2. 上菜要核对。生产人员和服务人员一定要事先了解、掌握好菜单。厨师必须按上菜顺序先后制作菜肴；服务人员上菜时必须核对清楚，并向客人报告菜名。

3. 注意台面菜点的摆设。在上菜过程中，要讲究菜点摆放位置。做到：荤素布局合理，色泽搭配美观，重点突出首菜。使整个席面整洁、和谐，给客人留下美好的感觉。

4. 随带佐料的菜肴，应先上佐料、后上菜。

5. 如需要分菜，服务人员必须做到：手法卫生、动作迅速、分量均匀。

思考题

1. 筵席菜肴制作前有哪些准备工作？
2. 制定菜单具体抓好哪五个方面？
3. 结合当地状况，设计一套包括春、夏、秋、冬不同季节，不同档次的菜单。
4. 中、西筵席的上菜程序各有哪些？

附

筵席菜单实例：鱼翅席

类别	菜名	味型	色泽	上菜顺序	刀工成形	烹调方法	主辅料配置
冷盘	孔雀开屏随六围碟	多味型		1	片、条、丝、块等	拌、卤、煮等	四荤二素
热炒菜	青豆虾仁	咸鲜	绿白	2	粒	滑炒	虾仁350克，青豆75克
	炒双冬	咸中带甜	黄褐相间	3	片	熟炒	冬笋200克，香菇150克
	荔枝鱿鱼	酸辣	深黄	4	卷	爆	水发鱿鱼600克
大菜	鸡茸土司	干香	淡白深褐	5	桃形	清炸	鸡茸100克，肥膘25克，蛋清50克，面包100克
	红煨鱼翅	咸鲜	玉黄	6	排翅	煨	水发鱼翅1000克
	挂炉烤鸭	咸鲜微甜	粽红	7	片皮	暗烤	烤鸭一只3000克，薄饼10只，甜面酱、葱白
	清蒸鲥鱼	咸鲜	银白	11	条	蒸	鲥鱼1000克，香菇、冬笋
	什锦素烩	咸淡清香	彩色	12	各种花刀	烩	口蘑75克，冬笋100克，红白萝卜200克，菜心12只，芦笋200克，荸荠100克，水发花菇75克
	云腿竹荪汤	咸鲜	红黄相映	13	片	余	云腿50克，水发竹荪150克
甜菜	蜜汁湘莲	甜	米黄	9	粒	蜜汁	水发湘莲750克
点心	鸳鸯酥盒	咸甜	黄	8		炸	
	干贝秋叶饺	咸鲜	白	10		蒸	
饭菜	醋熘芽白	咸酸	白	14	块	熘炒	芽白750克
	大蒜辣椒炒肉末	咸辣	褐绿	15	米粒	煸炒	肉50克，大蒜、辣椒各50克
水果	苹果			16			
	蜜桔			16			

67

第六章　筵席的继承与改革

第一节　筵席的继承

筵席随着中国历史的发展而发展，随着生产水平的提高而提高，随着人们生活的进步而进步。从虞舜时代的养老燕飨礼，到夏商祭祀席、周代八珍席、汉代百官席、唐朝烧尾宴、宋皇千秋宴、元代诈马宴、明人会文宴，直至清朝大烧烤和现代国宾席以及现代家庭筵席，都清晰展现出中国筵席的演变历程。说明中国筵席聚餐式、规格式、社交性特征的形成由来已久。筵席反映了中华民族的物质文明和精神文明，也是中国饮食文化的精华所在。

历代筵席不是一种模式，存在着各种不同，名称、规模、菜品、口味、席位、格局和就餐形式都有变化。它们同中有异，异中有同，纷繁万状，各具姿色。如：流行江苏、山东、湖南民间的十大碗，四川民间的三蒸九扣田席，东北民间的六六席，洛阳水席等，在选料，制法上大同小异，调味却各具特色。古今婚宴叫法尽管相同，但菜单编排大小一样，各地都有燕翅大席，内部结构却千差万别，这充分说明了"千个师傅千个法"，没有定法。古今筵席在借鉴中扬弃，在继承中创新，不断开拓，永葆青春。

我国筵席在继承中发展，在创新中得到充实、完善。创新手法包括以下几个方面：

1. 力保名牌，精益求精。如清代的鱼翅席发展到现代，选料、组合、烹制、造型都在不断改进。

2. 承袭旧制，巧变花样。民国年间相继出现的川式、粤式、晋式到现代的鄂式、港式满汉全席都是在清代扬州满汉全席的基础上增、删、换，并赋予不同的地方特色。

3. 触类旁通，举一反三。清代的全羊席很著名，在它的启发下，各地创造出全龙席、全虎席、全麟席、全凤席、全鱼席、全蛋席、全藕席等，填补了全席中的许多空白。

4. 改头换面，革故取新。借用周代八珍席的名称，制作出龙凤八珍席、参翅八珍席、水陆八珍席、琼林八珍席等。

5. 顺应潮流，自然淘汰。宋代张俊接待宋高宗的大宴，菜品多达250款，形式主义的东西太多，实用价值不大。这一类超级大宴后来基本销声匿迹。

6. 匠心独运，开辟新路。中华人民共和国成立后随着烹饪事业的发展，出现的小吃席、热炒席、罐头席、饺子席、粽子席、米粉席等都是历史上从未有过的，它们打破了筵席设计的常规，把饮燕美引向更广阔的天地。

筵席在发展过程中经受了历史的选择和人为淘汰，适应者生存，不适应者消亡。随着时代的进步和新的要求，人们不断地研究筵席，也不断地创制新筵席，发展、弘扬饮食文化。

第二节　筵席的改革

随着人们的思想观念、消费水平，对外交往的不断更新、变化，作为日常生活的重要窗口——筵席起到了十分重要的作用。但浮华奢侈之风常常左右了筵席的发展，不合理的膳食结构引起的文明病、富贵病也困扰着人们的心理，因此，筵席改革势在必行,以促进我国现代筵席实现美食、营养、卫生、经济四者统一。

筵席改革应从以下几个方面入手:

1. 拓宽思路,适应现代需要。筵席改革必须以市场需求为导向,以传统筵席设计和烹调技艺为基础,拓宽思路,大胆创新。努力研制出款式新颖,营养丰富,符合人们身体健康,价廉物美,规格多样,适应现代化需要的新筵席。改革既要考虑高消费者的要求,更要兼顾一般人们生活水准,不仅要有名席,还应有适应广大民众的一般筵席。不仅有传统名菜、名点,还要有符合营养卫生的创新菜点。形式多样,灵活多变,不拘一格、百花齐放,让人们吃得更科学更合理,促进我国筵席全面发展。

2. 筵席菜肴结构与现代营养科学相结合。烹饪原料种类繁多,但没有任何一种单独食用可以满足人体所需要的全部营养素。因此每种菜肴原料所含营养素的种类及数量都有差异,在营养上都有各自的特长和缺陷。如此说来,筵席菜肴结构要求应当多样化,改变多荤少素的状况,才能使菜肴所含的营养素种类比较全面。必须按照每种原料所含营养素的种类和数量来进行合理选择和科学搭配,才能使各种烹饪原料在营养上取长补短,相互调剂,改善和提高筵席菜肴的营养水平,达到平衡膳食的目的。

3. 古为今用,中西结合,提倡自助式和分菜制。自助式即由厨师按筵席规格、人数,制作出各种风味,各种样式的冷热菜和其他食品,用大盘装好放在一定地方,就餐者自取,吃什么、吃多少,自行掌握。这种方式既有中国菜热制热吃的风味特色,又具备西式冷餐宴会灵活的形式,还能反映出中国筵席聚餐式、规格化、社交性的特征。是值得提倡的一种宴请方式。

具体来说，自助式和分菜制有以下几个方面的作用：

1. 物尽其用，减少浪费。就餐者可根据自己嗜好、食量，选定自己所需要的菜肴。改变筵席数量过多，浪费很大的陋习。树立文明饮食新风。

2. 讲究卫生，防止传染病的传播。在筵席就餐中，人们身体状况是无法了解和掌握的，大家在一起就餐，给传染病的传播创造了极大方便。采取自助式和分菜制，互不交叉，互不感染，既讲究卫生，又能防止传染病的传播。

3. 充分发挥社交目的。举办筵席有其社交目的，或致亲睦谊，或经贸洽谈等。除美食享受外，更重要的是交流感情。自助式的灵活形式给就餐人员提供了大量的时间和机会，谈工作、谈友谊。通过宴会，既有美的享受又办了该办的事。增进了理解和友谊，又达到了社交目的。

4. 缩短宴席时间，提高工作效率。聚餐式的宴席，由于主人客人互相布菜，劝酒，恭维谦让，既影响互相交谈，又拖延时间。自助式和分菜制，则不忙于布菜、劝酒，体现高雅，彬彬有礼。

思考题

1. 筵席创新手法有哪些？
2. 谈谈你对筵席改革有哪些认识与想法。

附录 四大菜系筵席实例及特色菜介绍

鲁 菜

一、筵席实例

（一）燕翅席菜单

1. 四干果：蜜饯、葡萄干、桂圆肉、油炸核桃仁。
2. 四鲜果：烟台苹果、香蕉、橘子、莱阳梨。
3. 四三冷拼：①鸳鸯卷尖、凤尾鱼、叉烧肉；②姜汁松花、炝鸭掌、拌三丝；③香酥干贝、辣黄瓜卷、火腿；④熠虾、油焖香菇、芥末菠菜。
4. 十大热菜：①高汤燕菜；②各吃佛手鱼翅；③炸三味（炸鸡椒、清炸鸭胗、鲜桃虾）；④蟹黄烧海参；⑤烤鸭（带鸭饼、葱白、甜面酱）；⑥柳叶鸽蛋银耳汤（带咸点心状元饺）；⑦扒三白（鲍鱼、芦笋、鸡脯）；⑧碧绿虾球；⑨清蒸加吉鱼；⑩四喜八宝饭（带甜点心：兰花酥）。
5. 饭菜：什锦火锅。

（二）燕菜席菜单

1. 四干果：瓜子仁、乐陵小枣、橘饼、果脯。
2. 四鲜果：肥城鲜桃、西瓜、葡萄、甘蔗。
3. 花拼冷盘：雄鹰展翅（带麻汁海参、姜汁瓦岭子、椒麻鸡、拌鸡丝冻粉、罗汉肚、红油掐菜等六围碟）。

4. 十大热菜：①金钱燕菜；②炸三味（纸包鸡、炸鲜贝串、清炸里脊）；③蒜泥甲鱼；④清蒸八宝葫芦鸭；⑤银耳鲍鱼汤（带咸点心：蝴蝶饺）；⑥云片猴头；⑦红烧广肚；⑧绣球干贝拼干烧冬笋；⑨烤加吉鱼；⑩八卦泥（山药泥、豌豆泥、金糕泥）。

5. 饭菜：①三鲜汤；②氽二色鱼丸。

(三) 鱼翅席菜单

1. 冷菜：凤凰戏牡丹（带姜汁蛏子、炝鱼丝、蒜泥蜇头、椿头拌大虾、酱牛腱、拌韭黄西施舌、辣莴笋、红油菜心等八围碟）。

2. 十大热菜：①白扒通天鱼翅；②炸双味（雪丽鱼条、软炸蛎黄）；③葱烧海参；④生菜爝大虾；⑤烤雏鸡拼海米油菜；⑥氽三鲜（鸡片、虾片、海参片）；⑦扒肥肠白菜；⑧油爆双脆拼蚝油西兰花；⑨清炖鳜鱼；⑩梅雪争春（带甜点心：月季花酥）。

3. 饭菜：①苜蓿肉丝；②红烧鱼丸。

4. 水果：①西瓜；②糖拌草莓。

(四) 海参席菜单

1. 四双拼：①五香鸡拼海米拌韭黄；②盐卤肝拼炝乌鱼花；③叉烧肉拼珊瑚藕；④香肠拼酥海带。

2. 四大菜六炒菜：①虾籽烧海参（大菜）；②炸虾排（炒菜）；③炒浮油鸡片（炒菜）；④红扒鸡（大菜）；⑤氽西施舌（带咸点心：三鲜烧麦）；⑥芙蓉干贝（炒菜）；⑦白扒广肚（大菜）；⑧蒜茸木耳菜（炒菜）；⑨烤花揽鳜鱼（大菜）；⑩拔丝金枣（炒菜）。

3. 饭菜：①煎氽蛏子；②扣肉。

(五) 便餐席菜单

1. 冷菜（六单拼）：①五香熏鱼；②姜汁拌海螺；③芥末肚丝；④酱牛肉；⑤麻汁豆角；⑥辣耳丝。

2. 热菜（二大菜六炒菜）：①红烧回丝（大菜）；②软炸虾仁（炒菜）；③油爆双花（炒菜）；④宫保鸡丁（炒菜）；⑤氽海螺（炒菜）；⑥扒香菇油菜（炒菜）；⑦醋椒黄鱼（大菜）；⑧蜜汁三果（炒菜）。

3. 饭菜：①炸熘鱼条；②锅煏豆腐。

4. 水果：①香蕉；②菠萝。

二、特色菜

1. 高汤燕菜

① 原料配备：摘净毛的燕菜 100 克，火腿丝少许，香菜叶 3 片，精盐 3 克，味精 2 克，高汤 800 克，碱粉适量，鸡油 1 克。

② 操作程序：将燕菜用碱开水泡发好，再用清开水透去碱味，挤净水分，堆放燕菜碗内。

勺内加高汤、精盐、味精烧沸，打去浮沫、浇入燕菜碗内、撒上火腿丝、放上香菜叶，淋上鸡油即成。

③ 特点：汤汁澄清、口口鲜美，为鲁菜十大名菜之一。

2. 白扒通天鱼翅

① 原料配备：发好的整扇翅一扇（约 500 克），葱、姜各 20 克，猪大油 50 克，鸡油 40 克，精盐 3 克，清汤 300 克，料酒 10 克，白糖 3 克，湿淀粉 50 克，味精 3 克。

② 操作程序：大葱片两半切段，姜切片。将鱼翅放入沸水内一氽，捞出控净水分，整齐地摆在盘内，好面朝下，保持原形。

勺内加上大油烧热，放入葱、姜炸出香味（注意不要炸糊），加清汤，去掉葱、姜，加精盐、料酒、白糖。再把摆好的鱼翅慢慢地推入勺内，采用慢火扒透，待勺内汤约剩150克时，加上味精，转勺用湿淀粉勾芡，大翻勺拖倒入盘内淋上鸡油即成。

③ 特点：造型整齐美观，芡汁色白而明亮，口味咸鲜，质地软糯。

3. 葱烧海参

① 原料配备：水发海参600克，大葱白100克，高汤150克，酱油45克，白糖2克，味精1.5克，料酒10克，湿粉团20克，花生油40克，大葱油30克。

② 操作程序：海参洗净顺长劈成大片，放入开水锅中余透，捞出控净水分。葱白劈开切成5厘米长的段。

净勺内加入花生油烧热，放入葱白煸炒至金黄色时加入海参略煸炒，然后加入酱油、高汤、白糖、料酒、味精烧透，用湿淀粉勾厚芡，加入大葱油搅匀装盘即成。

③ 特点：芡色红亮，葱香浓郁，鲁味名馔。

4. 扒原壳鲍鱼

① 原料配备：带壳鲜鲍鱼12个（每个壳长6厘米左右），火腿25克，冬菇5克，菜心25克，鱼泥100克，水发银耳一大朵，精盐5克，味精2克，高汤300克，葱段15克，姜片5克，湿淀粉50克，鸡蛋清1个，明油5克，花椒10粒，白胡椒面少许。

② 操作程序：将鲍鱼洗净，取下肉，刷洗净外壳，去掉内脏，洗净放盘内，加高汤、葱（夹有花椒）、姜片，上笼蒸至熟烂，片成六片。火腿、冬菇切小象眼片，菜心烫过拔凉，切磨刀片。

鱼泥加凉汤、鸡蛋清、盐、味精、料酒、胡椒面调匀，倒在平盘内摊平（不要摊至盘边），再将鲍鱼壳围盘周摆两圈，成环状按稳，盘中央放上用盐、味精渍过的银耳点缀成花芯。上笼内蒸至鲍鱼壳固定盘内取出。

蒸鲍鱼的原汤滗入炒勺内，放葱、姜、盐、料酒烧沸，挑去葱、姜，投入火腿、冬菇、菜芯烫熟，用漏勺捞起，均匀分放在鲍壳内。

原汤中放入鲍鱼肉，用慢火煨透，捞起整齐地摆在壳内，成原鲍状。撇净汤内浮沫，加味精，用湿淀粉勾米汤芡，浇在鲍鱼上，淋明油即成。

③ 特点：造型美观，肉酥烂细嫩，原汁原味。

5. 清蒸加吉鱼

① 原料配备：新鲜红加吉鱼一尾（约700克），大葱15克，姜10克，猪肥肉膘30克，水发冬菇25克，冬笋25克，火腿25克，油菜心25克，精盐5克，味精3克，料酒5克，高汤50克，明油5克，花椒10粒。

② 操作程序：将加吉鱼去鳞、去腮，从口中取出内脏，保持鱼体完整，洗净。在鱼身两面剞上柳叶花切。大葱切成段，姜切乱片，肥肉剞上梳子花刀，切成片，冬菇、冬笋、火腿、油菜心均切成长片。

手提鱼尾，把鱼放入开水锅中稍烫捞出，用清水冲净，去弃腥味，把盐、味精、料酒均匀撒在鱼身上，放入盘内，摆上切好的葱段、姜片、肥肉片和花椒。

把鱼放入蒸锅内，急火蒸15分钟左右取出（蒸制时间是此菜的关键，过长或过短都会影响鱼的鲜嫩程度，必须恰到好处），去掉葱、姜、花椒，把均好的冬菇、冬笋、火腿、油菜心放入开水锅中稍烫，捞出后间隔整齐地摆在鱼身上。

勺内加上原汁、高汤、盐、料酒，开锅后打去浮沫，浇在鱼盘内，淋上明油即成。上席时带醋拌姜末一小碟，以备食用者根据自己的喜爱蘸食。

③ 特点：红、褐、白、绿四色相间，汤汁澄清，鱼肉鲜嫩，原汁原味。

6. 蒜末甲鱼

① 原料配备：甲鱼一只（约 100 克），净老母鸡腿二只，肥瘦肉 100 克，大葱 10 克，姜 5 克，大蒜 40 克，料酒 20 克，白糖 5 克，清汤 750 克，酱油 70 克，猪大油 60 克，大葱油 50 克，味精 5 克，湿淀粉 20 克。

② 操作程序：将甲鱼宰杀后放到沸水中加热烫制，刮净盖上的黑皮和腹部的黄皮，然后将盖取下洗净，去掉腹内的肠子，其他部位保留，用清水洗净，剁成 4 厘米大小的块；鸡腿、肥瘦肉剁成 3 厘米大小的块，同入沸入略余后捞出控净水分备用。葱切段，姜切片，大蒜剁成末。

勺内加上大油烧热，入葱姜略烹，放入鸡腿、甲鱼块一起煸炒，再加肥瘦肉继续煸炒，待收缩变色时，加入料酒、酱油、清汤、白糖、甲鱼盖，慢火加热熟烂，待汤约剩 200 克时取出甲鱼盖，去掉葱、姜，加味精，用湿淀粉勾芡，加上大葱油蒜末搅匀入盘内，摆成完整的甲鱼形状，最后在甲鱼盖上面放蒜末即成。

③ 特点：汤汁红亮，肉质酥烂，蒜香浓郁。

7. 烤花揽鳜鱼

① 原料配备：鳜鱼一条（约 1250 克左右），鸡里脊 100 克，肥肉膘 25 克，水发干贝 15 克，水发海参 15 克，冬笋 10 克，冬菇 10 克，火腿 50 克，五花肉 50 克，姜片 1 克，葱段 2 克，猪网油 1 张，鸡蛋清 1 个，面粉 150 克，料酒 50 克，精盐 5 克，花椒 10 粒，姜末 5 克，醋 100 克。

② 操作程序：将鳜鱼刮去鳞，去鳍、鳃，从口中取出内脏，冲洗干净，入开水中略烫（以能脱去表层黑衣为宜），速放进凉水里，轻轻刮去黑膜；用刀把鱼嘴下巴划开，鱼身两面打坡刀，置入盘中，加料酒、精盐、葱段、姜片、花椒腌15分钟。

将鸡里脊剔去筋，和肥肉膘一同剁成细泥，加料酒、蛋清、精盐调匀，搅成料子备用；然后将五花肉切成0.7厘米见方的丁，放入开水锅中氽熟捞出备用；海参、冬笋、冬菇均切成0.7厘米见方的丁，和干贝一起用汤氽透，捞出与肉丁混合，加料酒、盐腌3分钟，火腿切成长6厘米、宽2厘米、厚0.3厘米的片。

将猪网油劈去厚筋，修整四边备用。面粉（125克）加清水和成面团，擀成薄皮，余下的面粉加水调成糊。

将腌渍过的鳜鱼提起，去掉葱段、姜片、花椒，把鱼口撑开，将拌好的各种配料装入鱼腹，用细绳扎好鱼嘴，在鱼身上每个坡刀口处嵌上一片火腿，再将鱼身抹上鸡料子，置网油中，四周拉起包好，再用擀好的面皮包好，放铁箅子中置入炭火上慢火烤制。若烤时气体冲破面皮，要随时将破裂处用面糊糊上。翻转两面烤制约一小时左右（以鱼熟为度，勿使时间过久防止鱼肉变老），取出放在盘内，揭开面皮、网油，扣入鱼池内，去掉面皮及网油，解开扎嘴的绳即成。食时外带姜末、香醋。

③ 特点：用料讲究，制作精细，鱼身白中泛红，口味特鲜。

8. 生菜燸大虾

① 原料配备：海产新鲜对虾10尾（每尾约重100克），生菜250克，精盐2克，料酒10克，高汤100克，味精2克，

白糖 6 克,葱 20 克,姜 10 克,花生油 60 克,香油 25 克,醋 5 克。

② 操作程序:将生菜用高锰酸钾溶液洗涤,再用清水洗净,切成 3.5 厘米长的段,放置在消过毒的盘内。

将虾去腿、须、枪摘去沙袋,挑去虾肠,葱切段,姜切片。

勺内放花生油烧热,入葱、姜炸出香味,再放入虾煸炒,随炒随压虾头,目的是挤出虾脑,使色泽橙黄,至外表变黄,烹醋,加盐、高汤、料酒、白糖急火烧沸,去掉葱、姜,改小火煨爆,至汤汁将干时,将虾逐个挑出整齐地摆入盘内,汤汁中加入香油,炒融和后浇在虾上。然后把生菜放在虾的一边即成。

③ 特点:大虾橙红,色泽艳丽,虾肉鲜香,佐以生菜食之,别具风味。

9. 氽西施舌

① 原料配备:鲜西施舌 300 克,香菜梗 15 克,韭青 5 克,精盐 2 克,味精 2 克,料酒 10 克,鸡油 5 克,清汤 500 克。

② 操作程序:香菜、韭青洗净切末。西施舌用水略烫(切忌烫老),捞出控净水分放入盘内。

勺内加清汤、盐、味精、料酒旺火烧开,撇去浮沫,倒入汤碗内,撒香菜、韭青末,淋上鸡油。

将西施舌盘和清汤碗一并上桌,再将西施舌倒入热汤中即成(因西施舌久烫则质老,为保其质嫩,故需如此)。

③ 特点:汤汁澄清,肉质脆嫩,味道鲜美。

10. 烩乌鱼蛋

这是山东菜胶东一带的地方名菜。乌鱼蛋即雌性乌鱼产卵腺的干制品，必须经过涨发制成片状，方能使用。

① 原料配备：水发乌鱼蛋150克，精盐2克，味精2克，料酒10克，湿淀粉30克，高汤500克，醋50克，白胡椒粉2克，香油10克，香菜末5克。

② 操作程序：汤勺内加清水烧开，放入发好的乌鱼蛋一余，倒入漏勺控净水分。

汤勺内加高汤、盐、味精、料酒、醋及乌鱼蛋烧开，撇去浮沫，用湿淀粉勾奶汤芡，撒上白胡椒粉、香菜末搅匀，盛入汤碗内，淋上香油即成。

③ 特点：卤汁明亮，口味咸鲜为主，酸辣适中。

11. 金锅炸鱼（又名软炸蛎黄）

① 原料配备：蛎黄肉400克，鸡蛋黄30克，面粉75克，花生油1000克，料酒5克，花椒盐5克。

② 操作程序：将蛎黄用清水洗净，控净水分后，把形体大的切成两半，加料酒拌匀。蛋黄、面粉放入碗内，加适量水调成糊。

勺内加花生油烧至六成热时，将蛎黄挂上鸡蛋面粉时，逐个入油炸制，至蛎黄九成熟、色呈浅金黄色时捞出。待油温上升至成熟时，将蛎黄入锅复炸，色呈金黄时倒入漏勺内控净余油装入平盘内，在盘的两边放花椒盐即成。

③ 特点：色泽金黄，蛎肉鲜嫩味美。

12. 锅烧鸭

① 原料配备：净肥嫩母鸭一只（约1500克），肥肉膘丝70克，葱50克，姜30克，酱油50克，味精2克，高汤100克，面粉75克，桂皮2克，八角2克，花生油1000克，料酒10克，甜面酱50克，蒜泥30克，香油30克，鸡蛋100克。

② 操作程序：将鸭由脊背劈开，放入汤锅内，煮至肉能

离骨时取出剔去骨头，放入盘内，加上洗净拍松的葱、姜、肥肉膘丝和酱油、料酒、桂皮、八角、高汤入笼蒸透，取出去掉葱、姜、桂皮、八角。滗掉原汁，将鸭肉修整成厚薄均匀的圆饼状。

鸡蛋打入碗内，加上面粉和适量的水调匀成糊。

取平盘一只，加植物油 25 克抹匀，倒上调好糊的三分之一抹平，将鸭皮面朝上放在盘内的袖上，再将三分之二的糊均匀抹在鸭皮上面。

勺内加花生油，烧至190℃左右，将鸭推入油内，炸至两面皆为金黄色时捞出，切成长条摆入盘内呈马鞍式，食时蘸以用甜酱、香油、蒜泥三者调好的佐料，名曰"老虎酱"即成。

③ 特点：色泽金黄，鸭肉酥香可口。

13. 油爆双脆

① 原料配备：未经冷冻的生肚头 2 个（约 300 克），生鸡胗 300 克，大葱 50 克，蒜 10 克，精盐 3 克，味精 2 克，料酒 10 克，醋 5 克，高汤 50 克，香油 5 克，湿淀粉 30 克，花生油 500 克。

② 操作程序：将肚头切开，剔去内皮，劈去外壁上的脂筋洗净，在外壁面剞上十字花刀，深度为原料的三分之二，切成 1.5 厘米见方的块。鸡胗去掉外皮，剞上十字花刀，深度为原料的三分之二，亦切成 1.5 厘米见方的块。将切好的鸡胗和肚头放入盆内加水和适量的碱略泡捞出（增加脆嫩感）。葱切成 1 厘米大小的丁，蒜切片。

碗内加上高汤、精盐、味精、料酒、湿淀粉兑成汁备用。

勺内加水烧沸，放入鸡胗、肚头稍烫捞出，控净水分。

勺内加花生油烧至 200°C 左右时，将鸡胗、肚头入油一氽，随即倒出，控净余油。

勺内加油 50 克烧热，放葱、蒜炒出香味，立即倒入肚头、鸡胗和碗内的汁，旺火迅速颠炒，淋上香油，盛入平盘内即成。

③ 特点：色泽红白相间，亮油包汁，口感脆嫩咸鲜。

14. 茄汁珊瑚鱼

① 原料配备：新鲜带皮偏口鱼肉 2 条（每条重约 300 克），青豆 20 克，葱末 5 克，姜末 3 克，蒜末 3 克，番茄酱 50 克，醋 50 克，白糖 100 克，精盐 1 克，味精 2 克，蛋清 50 克，葱姜汁 10 克，料酒 5 克，干淀粉 500 克，湿淀粉 30 克，高汤 100 克，花生油 1500 克。

② 操作程序：先将鱼肉采用斜刀劈的刀法劈成 0.3 厘米的厚片，再将鱼肉切成 0.3 厘米粗的丝（深至鱼皮，但不要切断），放入盘内加盐 0.5 克、味精 1 克、醋 5 克、料酒、葱姜汁腌渍 5 分钟，再将鱼肉周身沾匀蛋清液，最后再沾匀干淀粉。

炒锅加入花生油 1500 克，烧至 180℃ 左右时，两手拿鱼肉的两头，使鱼丝朝下入油炸制，先炸至鱼丝空形，再全部放入油内炸熟，鱼肉焦脆时捞出，控净余油摆放入盘内。

炒锅加花生油 50 克烧热，放葱、姜、蒜烹出香味，加番茄酱略炒，再依次加入高汤、醋、白糖、盐、味精烧开，用湿淀粉勾芡，芡熟后加热油 50 克将卤汁爆起，将汁均匀地浇在鱼肉即成。

③ 特点：色泽橘红，卤汁油亮，形似珊瑚，造型新颖，口味甜酸适口。

15. 九转大肠

① 原料配备：熟猪肠三条（约重 750 克），葱末 5 克，姜末 3 克，蒜末 5 克，香菜末 3 克，酱油 25 克，醋 50 克，精盐

2 克，料酒 10 克，白糖 120 克，高汤 150 克，胡椒面 0.5 克，肉桂面 0.5 克，砂仁面 0.5 克，猪油 25 克，花椒油 15 克。

② 操作程序：将熟肥肠切成 2.4 厘米长的段，入开水锅中氽透后，倒入漏勺内控净水分。

炒勺放微火上，加上猪油 20 克，白糖炒至棕红色时，放入大肠，颠翻上色，随即将猪大肠拨至勺边，加入葱、姜、蒜末炸出香味，烹上醋，加酱油、白糖、高汤、精盐、料酒，与猪肠混合搅匀，继续用微火煨燀，汤尽时，放入胡椒粉、肉桂面、砂仁面；淋上花椒油，颠翻均匀，盛入平盘内，撒上香菜末即成。

③ 特点：色泽红润透亮，酸、甜、香、辣、咸五味俱有，食之软嫩不腻。

16. 扒三白

① 原料配备：白菜心 250 克，罐头鲍鱼 150 克，嫩粗芦笋三枝，葱 25 克，姜 10 克，蒜 5 克，白猪油 750 克，高汤 200 克，精盐 2 克，料酒 10 克，湿淀粉 30 克，明油 5 克。

② 操作程序：白菜心入开水烫透捞出，冷水拔凉，用洁净的纱布按净水分，顺长切 1 厘米的条，再将两头修整齐，成为宽约 6 厘米、长约 15 厘米的长方形，整齐面朝下托入平盘内的中间；鲍鱼顺长在正面剞上 0.3 厘米宽的直刀，再翻过来横劈成片，整齐地托入白菜的左边，笋撕去皮筋，摆入白菜的右边；葱切段，姜去皮洗净切片，蒜切片。

净勺内加上白猪油 50 克，烧熟放葱、姜、蒜炸出香味时，加入高汤，用漏勺捞出葱、姜、蒜，将鲍鱼、白菜、芦笋推入勺内，烹料酒加精盐，用慢火扒透，汤约剩 50 克时，加味精，用湿淀粉沿原料之间的相接处淋上芡，再将原料四周淋上芡，将勺转动，芡熟后使之成为一个整体，再沿原料的周围淋上猪油 25 克将勺转动，大翻勺使原料整齐面朝上，并保持形状整齐，拖倒入盘内，淋上明油即成。

③ 特点：色泽白亮，三白排列整齐完美，口感软嫩滑润，味咸鲜，鲁菜传统名馔。

17. 炒鸡丝蜇头

① 原料配备：嫩母鸡脯肉 150 克，水发蜇块 500 克，葱 30 克，姜 20 克，大蒜 15 克，香菜梗 30 克，精盐 2 克，味精 2 克，料酒 10 克，白胡椒粉 1 克，醋 30 克，高汤 100 克，白猪油 500 克，香油 5 克，湿淀粉 30 克，鸡蛋清 1 只。

② 操作程序：将鸡脯肉切成细丝放入碗内，加蛋清轻轻抓匀，再加湿淀粉抓匀。水发蜇头切粗丝，葱切丝，姜去皮洗净切细丝，蒜切片，香菜梗洗净切 2.6 厘米长的段。把高汤、盐、味精、料酒、醋、白胡椒粉放入碗内兑成汁备用。

净勺内加白猪油烧至 120℃时，放入鸡丝用筷子划散，鸡丝九成熟时倒入漏勺内控净油。蜇头丝入开水中略烫捞出控净水分。

净勺内加白猪油 50 克烧热，放葱、姜、蒜炸出香味后，加上鸡丝、蜇头略炒，随即倒入兑好的汁，颠翻均匀，淋上香油，出勺装入平盘内即成。

③ 特点：鸡丝粗细均匀、色白质嫩，蜇头脆嫩爽口。菜品口味咸鲜为主，酸辣适中，佐酒佳肴。

18. 炒浮油鸡片

此菜以鸡里脊肉为原料，加工成茸泥，再加料调制成糊状，入油吊制成片状，其技术性较高，制作难度较大。

① 原料配备：鸡里脊肉 100 克，冬菇 15 克，冬笋 15 克，火腿 15 克，鸡蛋清 6 个，青豆 12 粒，精盐 2 克，料酒 8 克，味精 1 克，清汤 250 克，白猪大油 500 克，鸡油 10 克，湿淀

粉 50 克，葱姜水 50 克。

② 操作程序：把鸡里脊抽出筋，反复剁、砸成细泥（越细越好），冬菇、冬笋、火腿均切小象眼片。

将鸡泥放入碗内，加上凉清汤和葱姜水搅匀，再加入鸡蛋清、湿淀粉、味精、盐、料酒搅打均匀成糊状。

勺擦净烧热，加白大油，待油温二成热时，用手勺或羹匙舀着鸡泥放入油内，一勺一勺地连续下油，不要粘在一起，待浮在油表面成片即熟，捞出入热水中漂净油分，捞出控净水分。

勺内加油少许烧热，放入冬笋、冬菇、火腿略炒，加清汤、精盐、料酒、青豆及制好的鸡片，慢慢地转动，略加热，加味精，用湿淀粉勾芡，翻勺盛入盘内，淋上鸡油即成。

③ 特点：汁白而明亮，口味咸鲜，鸡片特别软嫩。

苏　菜

一、筵席实例

（一）燕翅席菜单

1. 花拼：孔雀开屏（带白油肥鸡、镇江肴肉、佛手蜇卷、金华火腿、无锡脆鳝、炝冬笋、芝麻菠菜、金钩香芹等八围碟）。

2. 四热炒：①烹明虾段；②蒜爆鳝背；③芙蓉鸡片；④冬冬青。

3. 六大菜：①珍珠燕窝汤；②鸭包鱼翅；③拆烩鲢鱼头；④黄焖鸡浮；⑤清蒸鲥鱼；⑥鸡汤煮干鱼。

4. 点心：①彩色酥球；②花生奶酪。

5. 甜菜：蜜汁莲籽。

（二）鱼翅席菜单

1. 花拼：庆丰冷盆（带炝鸡丝冬笋、盐水河虾、糟鹅、拌鸭掌、金珠口蘑、酥藕等六围碟）。

2. 四热炒：①清炒虾仁；②三丝鱼卷；③香炸云雾；④桂花仔鸡。

3. 六大菜：①鸡汁扒翅；②富春鸡；③清炖蟹粉狮子头；④鲜奶鱼馄饨；⑤松鼠鳜鱼；⑥虾仁扣三丝。

4. 二点心：①菊花酥；②蝴蝶饺。

5. 甜菜：雪塔银耳。

（三）海参席菜单

1. 四冷碟：①卤鸭；②葱烤酥鱼；③镇江肴肉；④虾籽炝芹菜。

2. 四热炒：①油爆肚类；②茄汁鱼片；③炸烹菊花胗；④翡翠冬笋。

3. 五大菜：①清汤大乌参；②百花酒焖肉；③三套鸭；④三鲜脱骨鱼；⑤云腿竹荪汤。

4. 点心：①月季花酥；②富春三丁包。

5. 甜菜：西米橘子。

（四）便餐席菜单

1. 冷菜：什锦冷盆。

2. 六热炒：①凤尾虾；②银苗鸡丝；③雪花鱼肚；④油爆鱿鱼花；⑤太湖云块鱼；⑥蛋烧麦。

3. 四大菜：①松子肉；②清汤鸭；③墨鱼两吃；④红烧圆蹄。

4. 点心：花色大包。

5. 四饭菜：①糟蛋；②甜瓜；③太仓肉松；④宝塔菜。

二、特色菜

1. 清汤大乌参

① 原料配备：大乌参 300 克，熟火腿片 250 克，熟笋片 100 克，熟鸡片 75 克，猪肥肉膘一块（125 克左右），绍酒 25 克，精盐 3 克，虾籽 25 克，姜块 10 克，葱结 25 克，香菜 50 克，白胡椒粉 25 克，鸡清汤 750 克。

② 操作程序：将乌参放在火上略烧烤，刮去黑皮，放入有锅垫的砂锅内加满清水，用中火烧至七成热，移小火焖至微松时取出，换水再焖，如此反复三、四次，直焖至松嫩发透为止。取出剖开去内脏洗净，再将海参四周修净，从反面用刀斜划成大片，在每片海参内面直划平行斜纹（不要划断）。

将海参放沸水锅内略煮后取出，滤干水分，再放入肉汤或鸡汤锅内煮沸一次。碗内先放火腿片、笋片、鸡片，再将海参片整齐地排入，加姜块、葱结、酒、虾籽，上盖肥肉膘，上笼蒸二十分钟左右，取出姜、葱、肥肉膘，翻身合入汤盆中。同时，炒锅上火，放鸡清汤，加盐烧沸后倒入汤盆中。上桌时，带香菜、胡椒碟。

③ 特点：海参绵软肥嫩，配菜鲜嫩酥脆，汤汁清澈味浓，营养价值较高。

2. 香炸云雾

① 原料配备：庐山云雾茶尖 10 克，虾仁 100 克，松子仁二十粒，鸡蛋四只，味精 1 克，精盐 1 克，绍酒 5 克，干淀粉 10 克，番茄酱 25 克，熟猪油 500 克。

② 操作程序：将虾仁洗净沥干，放在盘内；鸡蛋磕入汤盘内，留清出黄；云雾茶放杯内，用少许开水加盖，使茶叶泡软；松子仁备好。

将虾仁斩茸，放入碗内，加绍酒 5 克、味精 1 克、精盐 1 克和匀。将杯内云雾茶尖取出，挤干水分。将汤盘中的鸡蛋清用三只筷子尽力打成发蛋，取四分之一的发蛋与茶尖、虾茸搅匀，另四分之三的发蛋加干淀粉 10 克与松子仁及虾茸调和均匀。

炒锅上火，放熟猪油 500 克，烧至 80℃离火，用汤匙将虾仁发蛋舀入锅内温氽成云雾团，见白逐个翻身，氽约一分钟，油锅离火，用漏勺捞起。

油锅再上火，油温烧至 120℃时，将云雾团倒入锅内氽半分钟（不能发黄），油锅离火，用漏勺捞出云雾团装盘，盘边放番茄酱蘸食。

③ 特点：洁白如雪，形似云雾，鲜嫩味美，有茶叶的清香。

3. 清炖鸡孚

① 原料配备：去骨鸡腿肉 200 克，净猪肉（肥三成瘦七成）200 克，熟火腿片 50 克，水发冬菇 50 克，鸡蛋清 4 只，绍酒 15 克，精盐 3 克，葱末 5 克，姜 5 克，干淀粉 30 克，鸡清汤 600 克，熟猪油 800 克。

② 操作程序：将猪肉切细，剁成米粒状放入碗内，加葱末、姜末、精盐 1 克拌匀。鸡皮朝下平摊在砧板上，用刀在鸡肉上轻轻排剁一次，再将肉茸均匀地平铺在鸡肉上，仍用刀在肉茸上排剁两次，使猪肉、鸡肉粘合在一起，再将鸡肉切成边长 3.3 厘米的三角形块。

将蛋清抽打起泡沫，以能立住筷子为度，加干淀粉拌匀，即成发蛋糊。

炒锅置火上烧热，放入猪油烧至 120℃左右时，将鸡块周身蘸满发蛋糊入油中，炸至鸡块上的发蛋糊稍起硬壳捞出

（呈白色），沥去余油。砂锅中加鸡清汤、火腿片、鸡块、冬菇、绍酒、精盐，用旺火烧沸后，盖上锅盖，移置微火上焖约25分钟，待鸡肉酥烂即成。

③ 特点：此菜为汤菜，汤面鸡孚洁白，衬以火腿、冬菇，红黑相映，色泽鲜艳，鸡肉细嫩，汤鲜味香，为南京传统名菜。

4. 鸡汤煮干丝

① 原料配备：豆腐干500克，熟鸡丝25克，虾仁50克，熟鸡肫25克，熟肝片25克，熟火腿丝10克，笋片30克，净豌豆苗10克，熟猪油150克，酱油15克，精盐2克，虾籽3克，鸡汤500克。

② 操作程序：将豆腐干放砧板上，用刀劈成0.2厘米厚的薄片，再切成细丝放入盆内，注入沸水浸烫，用竹筷搅动（以免粘结），捞出换沸水再反复烫二次（每次烫约2分钟），去除豆浆味，捞出挤干水分放碗内。

炒锅上火，放熟猪油25克，将虾仁倒入炒熟放碗中。豌豆苗用沸永焯后冷水浸凉沥干水分备用。

炒锅内放鸡汤500克，放入干丝、鸡丝、鸡肫、鸡肝、笋片，加虾籽和猪油，用旺火煮10分钟左右，待汤浓厚时，加酱油、精盐，盖好锅盖再焖煮5分钟左右，起锅装盆，上盖虾仁、豆苗、火腿丝即成。

③ 特点：干丝绵软香鲜，色彩鲜明，汤汁醇厚味美。

5. 富春鸡

① 原料配备：母鸡一只（约1250克），鸡蛋三只，笋100克，水发冬菇25克，胡葱200克，酱油25克，精盐4克，绵白糖10克，绍酒25克，姜片15克，胡葱结15克，芝麻25克，花生油750克（实耗10克）。

② 操作程序：鸡宰杀烫去毛，从夹窝开刀口，掏出内脏，留肫肝，洗净，入沸水锅烫洗一次。鸡蛋煮熟剥壳，冬菇去蒂洗净，笋切成片，胡葱切成5厘米长的段，待用。

炒锅上旺火，放入花生油，待油温九成分别投入鸡、鸡蛋，炸至金黄色，葱白段炸成"金葱"捞起。

砂锅内放竹垫，放入光鸡、肫肝，加酱油、绍酒、姜片、葱结及清水淹没鸡身，上旺火烧开，撇去浮沫。移小火上盖盘，盖上锅盖，焖一个半小时左右。离火，拣去姜葱，捞肫肝切成片，与"金葱"、冬菇、笋片、鸡蛋一同放入，复上旺火烧开，淋芝麻油即成。

③ 特点：香味扑鼻，色呈酱红，鸡肉酥烂。

6. 清炖蟹肉狮子头

① 原料配备：净猪肉1100克（瘦七成，肥三成），净蟹肉175克（含蟹黄50克），带叶菜心1250克。青菜叶六片，绍酒100克，姜50克，干淀粉25克，虾籽2克，精盐3.5克，香葱100克，熟猪油50克。

② 操作程序：将猪肉细切粗斩成不榴米状，装入盆内。葱、姜拍碎，用清水300克浸泡搓揉成汁倒入盆内，加酒和蟹肉125克、虾籽0.5克、盐1.5克及干淀粉拌匀搅透。

菜心洗净，头部剖成十字刀，再切成5厘米长的段。炒锅上旺火，放熟猪油40克，投入菜心煸至变色，放入虾籽0.5克、盐2克，用勺拌匀取出。取砂锅一只，先用油10克抹底，用几棵菜头、猪排骨垫底，再将其菜其心倒入摊平，置木炭火炉上。

将拌好的肉分成十二份，逐份做至光滑成圆形，边做边放入砂锅，用蟹黄分嵌在每只肉圆上，再用事先烫好的青菜复盖肉圆，加锅盖，沸时关闭炉门，用微火焖约40分钟即成。食时揭去菜叶。

③ 特点：色泽美观，芳香扑鼻，菜心酥烂，肉圆鲜嫩。

7. 百花酒焖肉

① 原料配备：去骨中肋猪肉一块（约800克），排骨250克，百花酒400克，绵白糖60克，酱油40克，精盐2克，胡葱三根，姜二片。

② 操作程序：猪肉上铁叉，在火上烘烤肉皮呈焦黑色离火下叉，入温水浸软后，刮去皮上污物，洗净，修去边角，切成12块，每块肉皮上剞花刀，刀深三分之一。

取砂锅一只，放入排骨铺开锅底，加葱、姜、肉块（皮朝下），排齐入锅，加百花酒、糖、盐用旺火烧沸，再放酱油，加压盘盖严。移小火焖一小时半至酥烂，将肉翻身皮朝上，去掉葱、姜，再上旺火稠浓汤汁即成。

③ 特点：色泽金黄，酥烂醇香，油而不腻，营养丰富。

8. 虾仁扣三丝

① 原料配备：大虾仁75克，猪腿瘦肉325克，熟鸡脯30克，熟火腿30克，水发鞭笋40克，熟鸡油10克，绍酒50克，精盐3.5克，香葱结10克，葱末1克，姜片5克，猪肉清汤650克。

② 操作程序：把猪腿肉切成约7厘米长的粗丝，放入猪肉汤锅中烫至断生，取出沥去水分，放碗中加盐1.5克、酒40克拌和；鸡脯、火腿也切丝，鞭笋丝切段，长短均相仿。

把火腿丝在碗中排成似十字形状，相对的空格中各放入鸡丝、鞭笋丝，上面放肉丝按紧，加葱结、姜片、肉清汤150克，上笼用旺火蒸一小时左右，取下去葱姜，合在汤碗中。

中火热锅，加肉清汤500克、盐2克、酒10克，烧沸后放入虾仁，用铁勺拨散，氽熟捞出，撇去浮沫，放葱末，倒入三丝碗中,将虾仁放面上,加熟鸡油即成。

③特点:虾仁白嫩,三丝均匀,肉鸡酥烂,汤色澄澈见底。

9. 黄焖鸡翅

①原料配备:光鸡翅膀二十只(重约600克),水发冬菇30克,味精1克,葱段100克,酱油50克,姜块5克,红葡萄酒15克,熟猪油50克,鸡清汤750克,花生油500克,绵白糖10克。

②操作程序:将肥仔母鸡翅膀从肋下顺骨缝处切下,再从翅膀中弯处顺骨缝切成二截,斩去翅尖洗净。

炒锅上火,放入花生油500克烧至200℃左右时,将鸡翅下锅炸至金黄色,倒入漏勺沥油。炒锅再上火,放入鸡翅,加白糖、酱油、葱段100克、姜块5克,略烧至鸡翅上色,放入砂锅内,舀入鸡清汤750克,在旺火上炖沸,撇去浮沫,再移至微火上焖至鸡翅酥透时,加入冬菇、葡萄酒、味精再炖约15钟即成。

③特点:翅肉酥烂,汤汁醇香鲜美。

10. 菊花青鱼

①原料配备:带皮青鱼肉400克,熟猪油1500克,麻油10克,精盐3克,绵白糖150克,番茄酱50克,醋75克,蒜末5克,姜末5克,葱末5克,干淀粉200克,水淀粉40克,绍酒15克,猪肉清汤75克。

②操作程序:将鱼肉洗净,鱼皮朝下用刀斜劈,每刀距离0.6厘米左右,深至鱼皮,每劈四至五刀切断成一块,共十块。然后各块每隔0.6厘米直剞至鱼皮,用绍酒15克、精盐1克搭拌,滚上干淀粉,抖去余粉,成十朵菊花鱼生胚放盆中待用。

把糖、醋、精盐2克、番茄酱、汤、水淀粉都放碗中,调和成汁待用。旺火热锅加熟猪油,油温190℃左右时,将鱼胚抖散,皮朝下放入,炸至金黄色时捞出,待油温回升至200℃左右时,再投入炸脆捞出,装盆。

炒锅置旺火上烧热,加熟猪油50克,投入葱、姜、蒜末,随即倒入调味汁搅拌,加熟猪油20克、麻油搅和均匀,浇在菊花鱼上即成。

③ 特点:鱼条舒展,形似菊花,卤汁红艳,甜酸略咸,香松适口。

11. 松鼠鳜鱼

① 原料配备:鲜鳜鱼1尾(约600克左右),虾仁30克,笋20克,水发香菇20克,青豌豆20克,熟猪油1500克,麻油10克,绍酒25克,精盐3.5克,绵白糖150克,玫瑰醋100克,番茄酱100克,蒜末2.5克,香葱末10克,猪肉清汤100克,水淀粉35克,干淀粉100克。

② 操作程序:将鳜鱼去鳞、鳃及内脏洗净。水发冬菇剪去梗,洗净切成小丁;冬笋亦切小丁。

鳜鱼齐胸鳍斜切下头,在下巴处剖开拍平,沿鱼脊骨两侧先后平劈至鱼尾不断,斩去脊骨,鱼皮朝下,劈去胸刺,在鱼肉上均匀地先直剞,后斜剞至鱼皮,成长菱形小块。用绍酒15克、盐1.5克腌渍鱼肉和鱼头,滚上干淀粉,手提鱼肉抖去粉,使小块鱼肉散开。

碗中合放番茄酱、清汤、糖、醋、酒10克、精盐2.5克、水淀粉调和成调味汁待用。旺火热锅,放熟猪油1500克,待油200℃左右时,将两片鱼肉翻卷,翘起鱼尾成松鼠形,一手提尾,一手用筷子夹住鱼肉,慢慢入锅,鱼头随即放入,炸至金黄色时捞出,待油200℃左右时再下鱼炸脆取出,放在长形盆中，用洁净布略撒松，装上鱼头。

另起炒锅，上旺火烧热，放熟猪油50克，投入葱、蒜末烹出香味，加虾仁、笋、香菇、豌豆炒至成熟，倒入调味汁搅和，加热猪油75克、麻油出锅，浇在松鼠鳜鱼上即成（上席后，发出吱吱声，似松鼠吱鸣声）。

③ 特点：形似松鼠，色呈枣红，外脆里嫩，甜酸适口。

12. 太湖云块鱼

① 原料配备：净青鱼中段350克，水发香菇15克，笋片50克，鸡蛋1只，精盐2.5克，绍酒25克，白醋10克，番茄酱75克，水淀粉150克，绵白糖50克，麻油10克，蒜泥5克，熟豆油1000克，肉汤50克。

② 操作程序：青鱼中段用刀斜劈成均匀地十块（瓦楞块）放盆内，加绍酒25克、精盐1.5克、鸡蛋揸开拌匀，再放入水淀粉120克拌和。香菇切小片。

炒锅上旺火烧热后，放入豆油1000克烧至180℃左右时，将鱼逐块放入炸熟呈金黄色时捞出，待油温200℃左右时再放入复炸捞出，控净余油。

另用炒锅放火上，放豆油40克、蒜泥熬香，加入香菇、笋片、番茄酱、白醋、白糖、精盐1克、肉汤烧沸后，用水淀粉勾芡，芡熟后放入炸好的鱼块颠翻均匀，淋上麻油起锅装盆即成。

③ 特点：色呈橘红，块形整齐，甜酸宜口。

13. 鲜奶鱼馄饨

① 原料配备：净鳜鱼一尾（约650克），虾仁100克，猪板油100克，绍酒15克，精盐3克，味精3克，鸡汤250克，鲜牛奶200克，鸡蛋2只，熟猪油50克，熟鸡油2克，干淀粉150克。

② 操作程序：将鳜鱼沿脊骨剖开，剔骨去皮取净肉，切成 2 厘米见方的丁 20 个，拌上干淀粉，用擀面杖轻轻敲成圆形薄皮，直径约 6.7 厘米。

将虾仁、板油（剥去膜）分别排斩成茸，同放一碗内，加绍酒 10 克、精盐 1 克、味精 1 克、鸡蛋清搅和均匀，再加干淀粉 5 克调匀，即成虾馅。

将馅均匀地逐个包入鱼肉皮成馄饨，搭口处要粘牢，然后将生鱼馄饨放入开水锅中汆熟，捞出用清水漂净，沥去水分。

炒锅上旺火，放入猪油 25 克、绍酒 5 克、鸡汤 250 克、精盐 2 克、味精 2 克，将鱼馄饨放入，待沸后移文火烧透，转旺火加鲜牛奶和水淀粉调和勾芡并用勺轻轻翻动，放猪油 25 克，装盘后淋上少许鸡油即成。

③ 特点：色泽白亮，皮滑馅鲜，别有风味。

14. 无锡脆鳝

① 原料配备：活大鳝鱼 1500 克，生姜丝 25 克，绍酒 50 克，酱油 40 克，白糖 100 克，葱末 25 克、姜末 50 克，麻油 25 克，豆油 1500 克，盐 150 克。

② 操作程序：锅中放清水 2500 克、盐 150 克烧沸，放入鳝鱼，随即盖上锅盖（以防鳝鱼窜出），煮至鱼嘴张开，捞出用清水洗净黏液。鱼腹朝里横放案板上，一手捏住鱼头，用竹片紧靠鱼下巴处插入，沿脊骨直划至尾，去掉内脏，再沿脊骨两侧划下成整条鳝鱼肉，洗净滗去水分。

锅中放豆油烧至 180℃ 左右时，投入鳝肉炸，并用漏勺轻轻拨动，不使粘结，约三四分钟捞出，待油温再至 180℃ 左右时，放入鳝肉复炸约四分钟，移置小火上炸脆。

另起炒锅，加豆油 25 克烧热，放葱、姜末炸香，加绍酒、酱油、白糖烧沸成卤汁，随即将炸脆的鳝鱼肉用漏勺捞入卤汁锅内，颠翻几下，淋入麻油，起锅倒入盘中，放上姜丝即成。

③ 特点：呈酱褐色，上放嫩黄姜丝，色泽调和、鳝肉松脆、香酥，卤汁甜中带咸，为无锡传统风味。

15. 拆烩鲢鱼头

① 原料配备：花鲢鱼头一只（约2500克），净蟹肉60克，鲜笋片50克，熟火腿50克，水发香菇25克，熟鸡肉片50克，熟鸡胗片50克，青菜心10棵，熟猪油150克，鸡汤400克，绍酒100克，绵白糖15克，水淀粉25克，虾籽2.5克，精盐4克，味精1克，香葱50克，姜片25克，白醋25克，白胡椒粉1克。

② 操作程序：将鱼头劈成两半，去鳃洗净，放锅内加清水浸没鱼头，上旺火煮沸后移小火焖至鱼肉离骨时，捞起浸入冷水中拆去骨，锅中重放水500克，放入鱼肉，加葱25克、姜片10克、绍酒50克，用旺火煮沸后，捞出鱼肉，去掉葱、姜。菜心过油备用。

炒锅上火，放猪油75克烧热，投入葱、姜略炸后捞去，放入蟹肉略煸，再放笋片、香菇、鸡片、胗片、鱼肉，加糖、精盐、虾籽、绍酒、鸡汤加盖焖约10分钟，加味精、白醋和熟猪油、白胡椒粉拌匀，起锅装盆（整肉在上），放上火腿片即成。

③ 特点：色泽乳白，汤汁浓稠，鱼肉肥嫩，味极鲜美。

16. 三鲜脱骨鱼

① 原料配备：鲜鲤鱼一尾（重约750克），猪肉100克，虾仁50克，笋丁50克，海参丁25克，香葱2根，姜片5克，绍酒50克，绵白糖25克，熟猪油120克，精盐2克，味精2克，酱油75克。

② 操作程序：将鱼去鳞、鳃洗净，揩干水分，平放砧板

上，用刀平脐门处在鱼身上横切一刀，深至切断脊骨为度，将鱼翻身，在鱼颈下再横切一刀，刀深如前。左手按紧鱼腹，用特制长尖刀从颈下刀口处贴着脊骨慢慢深至脐门，平骨贴肉，轻轻将骨肉割离。翻过鱼身，仍从颈下刀口处入刀，刀法如前割离骨肉。从颈部脱出鱼骨与内脏，洗净揩干。

猪肉斩茸，放碗内加酒25克、精盐1克拌匀，再加海参、笋丁、虾仁、熟猪油50克拌匀成馅，从鱼颈口处填入鱼腹，用酱油抹遍鱼身。

炒锅上火，放熟猪油50克烧热后，放入鱼，将两面煎黄，加绍酒、酱油、精盐、葱姜、糖、清水淹没鱼身上盖烧沸，再移小火焖约20分钟，加猪油、味精用旺火收稠汤汁，起锅装盘即成。

③ 特点：鱼形完整，食之无骨，内藏三鲜，别具风味。

川　菜

一、筵席实例

（一）鱼翅席菜单

1. 四冷拼：①怪味鸡拼油爆虾；②灯影牛肉拼盐水胗肝；③椒麻鸭拼糖排骨；④酥猪腰拼五香鱼。

2. 四热拼：①宫保鸡丁拼油爆肚岭；②青笋虾仁拼桃仁鸡卷；③鱼香腰片拼鲜烩鸭掌；④虾蛋冬笋拼生熘鸡肝。

3. 六大菜：①干烧鱼翅；②樟茶鸭子（带荷叶夹）；③响淋海参；④椒盐八宝鸡；⑤鲜橙银耳羹；⑥口蘑豆苗鸭腰汤。

4. 一炖盆：金鱼闹莲。

5. 二咸点：①火腿大包；②芝麻萝卜丝酥饼。

6. 二甜点：①提丝发糕；②蛋果枣糕。

（二）鲍鱼席菜单

1. 一看盘：锦鸡独立（带麻辣牛肉丝、牦牛肉、烟熏肉条、葱油青笋、珊瑚雪莲、鸡油糟冬笋等六围碟）。

2. 八大菜：①原汤鲍鱼；②锅贴兔花（带桃花糕）；③鸡蒙豆尖（带春笋鸡卷）；④贵妃鸡；⑤干烧岩鲤；⑥干贝葵菜（带金鱼饺）；⑦银耳脆羹（带凤尾酥）；⑧四喜鱼圆（带蛋白春卷）。

3. 四饭菜：①榨菜肉丝；②麻酱笋丝；③红油黄瓜；④椿芽鸡丝。

（三）海参席菜单

1. 冷菜：什锦大拼盘。

2. 热菜：①红烧海参；②炸班指（配荷叶饼）；③竹荪肝膏汤；④糖醋脆皮鱼；⑤冬菇烧鸡；⑥瑶柱黄秧白；⑦蜜汁火腿；⑧什锦果羹；⑨虫草全鸭。

3. 饭菜：①冬菜肉末；②泡甜辣椒；③红油菜薹；④麻酱莴尖。

（四）便餐席菜单

1. 四冷碟：①灯影牛肉；②怪味鸡丁；③蒜泥白肉；④椒麻肚丝。

2. 四热炒：①麻婆豆腐；②鱼香肉丝；③回锅肉；④菠菱鱼肚。

3. 大菜：①虫草鸭子（带灯芯卷）；②水煮牛肉；③鸡豆花（带萝卜丝饼）；④番茄鱼片；⑤白扒素烩；⑥枸杞全鸡（带龙抄手）；⑦干烧全鱼。

4. 饭汤：砂锅豆腐。

5. 饭菜：①泡菜；②五香豆豉；③香油榨菜；④凉拌青

笋。

二、特色菜

1. 芙蓉燕菜

① 原料配备：上等官燕 30 克，蛋皮丝 50 克，丝瓜皮丝 40 克，鸡蛋清 3 个，瘦火腿丝 30 克，胡椒粉 1 克，味精 1 克，川盐 2 克，清汤 1700 克，猪化油 10 克。

② 操作程序：将鸡蛋清磕入碗内调散，加川盐、味精、胡椒粉、清汤（150 克）和匀，分别舀入抹有猪化油的 10 只调羹内，上笼用小火蒸熟取出，上面用火腿丝、丝瓜丝嵌成玉兰图案，再上笼蒸 1 分钟成兰花芙蓉蛋。

燕窝用沸水涨发后，去尽茸毛杂质，用汤碗有顺序地摆齐上笼蒸软，盛入大汤盘内，用清汤（400 克）过两次，上面撒上蛋皮丝、丝瓜皮丝、火腿丝，注入烧沸的清汤，周围放蒸好的芙蓉蛋即成。

③ 特点：成菜宛如洁白盛开的芙蓉花，质地细嫩爽口，味咸鲜醇美，是滋补的珍馐。

2. 干烧鱼翅

① 原料配备：干玉脊鱼翅 750 克，黄豆芽 150 克，借味用肥母鸡肉 750 克，火腿 100 克，猪肘 750 克，绍酒 200 克，糖色（又称糖汁，用少量油炒糖通过高热使糖分子产生聚合作用而变成棕褐色，再掺热水而成）15 克，川盐 5 克，味精 2 克，姜 100 克，葱白段 100 克，鸡汤 3750 克，芝麻油 25 克，猪化油 150 克。

② 操作程序：选净玉脊翅用沸水泡软后，去尽杂质，子骨等，在沸水锅内反复氽煮几次，去除杂质。将母鸡肉斩成块，猪肘刮洗干净切成块，火腿切成厚片，黄豆芽去头尾，姜

拍松。

炒锅置旺火上，下猪化油25克烧至四成热，放入姜25克、葱白段25克炒一下，加鸡汤750克、绍酒50克、鱼翅氽约10分钟捞出，倒去汤、姜、葱。按上法再将鱼翅氽两次，去掉腥味后，再用干净纱布包好。

炒锅置旺火上，下猪化油50克烧至七成热，放入姜25克、葱白25克炒一下，加入鸡块、猪肘、火腿片煸几分钟。再加绍酒、糖色、川盐4克炒匀，接着加入鸡汤1500克，烧沸后撇去浮沫，放入翅，移至小火上爆2小时。

炒锅置旺火上，下猪化油烧至六成热，放入黄豆芽炒断生，下川盐炒匀打起，盛入大圆盘内。再将鱼翅取出解开，放在黄豆芽上，随即将爆鱼翅的原汁用旺火收浓，加味精、芝麻油，浇于鱼翅上即成。

③ 特点：成菜油亮味浓，翅针有光泽，质地粑糯柔香，咸鲜味浓醇美。

3. 家常海参

① 原料配备：水发海参500克，猪肥瘦肉125克，黄豆芽150克，郫县豆瓣30克，泡红海椒20克，红酱油25克，绍酒15克，川盐3克，姜30克，葱75克，味精3克，青蒜苗50克，湿淀粉10克，肉汤750克，清汤250克，芝麻油15克，猪化油170克。

② 制作程序：将水发海参洗净，片成上厚下薄的瓦楞片。猪肉剁成碎粒。青蒜苗切成粗花，黄豆芽掐去根脚洗净。姜、葱拍松。

炒锅置旺火上，下猪化油15克，烧至五成热，下姜10克、葱25克炒香后加入清汤250克、绍酒5克、川盐1克，将海参投入煨煮片刻，捞起，倒去汤汁不用。接着依照上法再将海参煨二次，使其煨入味增鲜以后，捞起沥干。

炒锅置旺火上，下猪化油50克烧至六成热，投入肉粒炒散，加绍酒5克、川盐1克将肉妙至酥香起锅装碗待用。再将炒锅洗净，下猪化油50克烧至五成热，投入剁细的郫县豆瓣和泡辣椒炒出香味，待油呈鲜红色时，加入清汤烧沸待出香味时打除豆瓣渣不用，再将海参、肉粒、红酱油放入烧至亮油喷香时，勾二流芡，速加芝麻油、蒜苗、味精推匀。另用炒锅一只，下猪化油25克至五成热，放入黄豆芽炒香加川盐1克，断生后起锅装盘垫底。再将海参连汁倒在黄豆芽上即成。

③ 特点：海参烂糯柔润，配料形色各异，浓淡相宜，滋汁色泽银红，肉臊酥香微辣。

4. 菠饺鱼肚

① 原料配备：鱼肚100克，熟鸡肉50克，火腿25克，猪肉75克，菠菜250克，川盐2克，胡椒粉1克，味精1克，姜10克，葱10克，酱油1克，绍酒25克，肉汤500克，奶汤500克，白面粉100克，鸡化油20克，猪化油1000克（约耗50克）。

② 操作程序：鱼肚下猪化油锅炸透，用水泡软，去尽油脂，切成3.5厘米见方、厚0.8厘米的片，下锅用肉汤、绍酒煨一次捞起。火腿、鸡肉均切成3.5厘米长、1.6厘米宽的薄片。

猪肉洗净剁茸，加酱油及味精0.5克、姜2克、葱粒1克搅匀成饺馅。菠菜叶取汁入面粉内，和成面团后擀成24张饺子皮，包馅煮熟待用。

炒锅置中火上，下猪化油、放姜、葱炒香加入奶汤烧沸，打去姜、葱，下味精、胡椒、川盐后即下鱼肚、菠饺、鸡肉、火腿煮约1分钟，舀入大圆盘中，菠饺镶边，淋上猪化油即成。

③ 特点：菜式大方淡雅，色调明快，汤味醇鲜，菜质爽滑细嫩。

5. 竹荪肝膏汤

① 原料配备：鸡肝 250 克，竹荪 13 克，鸡蛋清 3 个，清汤 1200 克，肉汤 250 克，葱段 5 克，胡椒粉 1 克，味精 1 克，姜 5 克，川盐 3 克，绍酒 6 克。

② 操作程序：将竹荪用 30℃的温水泡发 10 分钟，去根洗净，横切成 2 厘米长的段，再将段切成 4 小瓣，放入清水中漂洗，然后在炒锅中加肉汤、川盐 1 克、绍酒 3 克煨一次。

选黄色沙鸡肝去筋，捶成茸，盛入汤碗内，加清汤 200 克调匀，用细丝箩滤去肝渣，留用肝汁。将葱段、姜（拍松）放入肝汁中浸泡 5 分钟后拣去，再加入鸡蛋清、川盐 2 克、胡椒粉 0.5 克、绍酒 3 克调匀，上笼用中火蒸约 10 分钟，使肝汁凝结成肝膏。用绿、白、黑原料在肝膏上牵摆竹、熊猫图案点缀，入笼保温待用。

炒锅置旺火上，加入清汤、胡椒粉，放入竹荪，加味精，烧沸后舀入汤碗中。同时将笼内肝膏取出，用细竹签轻轻将肝膏沿碗边划一圈，然后轻轻滑入清汤碗中即成。

③ 特点：清香脆嫩，汤鲜膏醇。

6. 樟茶鸭子

① 原料配备：肥公鸭 1 只（约 2000 克），花茶 50 克，樟树叶 50 克，稻草 500 克，松柏枝 500 克，川盐 10 克，绍酒 25 克，芝麻油 10 克，花椒 1 克，胡椒粉 1.5 克，醪糟汁 50 克，熟菜油 1000 克（约耗 100 克）。

② 操作程序：将净鸭从背尾部横开 7 厘米长的口，取出内脏，割去肛门洗净。绍酒、醪糟汁、胡椒粉、川盐、花椒拌

匀抹鸭身，腌 8 小时捞出，再入沸水内烫一下紧皮，揾干水后放入熏炉内。用花茶、稻草、松柏枝、樟树叶拌匀做熏料，熏至鸭皮呈黄色取出，再将鸭放入大蒸碗内，上笼蒸 2 小时，出笼晾冷。

炒锅置旺火上，下熟菜油烧至八成热，放入熏蒸后的鸭，炸至鸭片酥香捞出，刷上芝麻油。将鸭颈斩成 2 厘米长的段，盛入圆盘中间，再将鸭身斩成 4 厘米长、2 厘米宽的条（鸭皮朝上）。盖在鸭颈块上，摆成鸭形，另配荷叶软饼上席。

③ 特点：色泽红亮，皮酥肉嫩，鲜香浓郁，有越嚼越香、回味悠长之妙。

7. 虫草鸭子

① 原料配备：嫩肥鸭一只（约 2000 克），虫草 10 克，葱段 10 克，绍酒 25 克，味精 1.5 克，姜 10 克，川盐 6 克，鸭汤 1250 克。

② 操作程序：将净鸭从背尾部横着开口，去内脏、割去肛门，放入沸水锅内煮尽血水，捞出斩去鸭嘴、鸭脚，将鸡翅扭翻在背上盘好。虫草用 30℃ 温水泡 15 分钟后洗净。

将竹筷削尖，在鸭胸腹部斜戳小孔（深约 1 厘米），每戳一孔插入一根虫草，逐一插完后盛入大品锅中（鸭腹部向上），加绍酒、姜、葱、川盐、鸭汤，将锅盖严，上笼蒸 3 小时至烂，拣去姜、葱，加入味精，原品锅上席。

③ 特点：以虫草蒸鸭，亦药亦膳，正因其性味甘平不像药而更像膳，故常用于高级筵席，是一滋补食疗佳肴。

8. 毛肚火锅

① 原料配备：黄牛毛肚 250 克，牛肝 100 克，牛腰 100 克，黄牛背柳肉 150 克、牛脊髓 100 克、青蒜苗 250 克，鲜菜 500 克，葱白 250 克，调料：干辣椒 40 克，绍酒 15 克、姜片

50 克、花椒 10 克、川盐 10 克、豆豉 40 克、醪糟汁 100 克、郫县豆瓣 125 克、鸡蛋清 6 克、味精 2 克、牛肉汤 250 克、芝麻油 1 克、牛化油 200 克。

② 操作程序：将毛肚上的杂物抖尽，摊于案板上，将肚叶层层埋伸，再用清水反复清洗至黑膜和草味，切去肚门的边沿，撕去底部的油皮，按一张大叶和一张小叶为一连，顺纹路切断，再将每连叶子理顺摊开，切成约 3 厘米宽的片，用凉开水漂起。牛肝、牛腰、牛肉均片成又薄又大的片。葱和青蒜苗均切成 7~10 厘米长的段，鲜菜用清水洗净，撕成长片。

炒锅置旺火上，下牛化油 25 克烧至六成热，放入豆瓣（剁细）炒酥，加姜末、辣椒节、花椒炒香，再加入牛肉汤烧沸，盛入锅内置旺火上，放入绍酒、豆豉（剁茸）、醪糟汁，烧沸出味，撇尽浮沫，成火锅卤汁，吃时，待大锅卤汁烧开上桌。

上桌时将脊髓、毛肚、肝、腰、牛肉及青蒜苗、葱段、鲜菜分别盛入小盘中，与川盐、牛油同时上桌，荤素原料随吃随烫，并根据汤味浓淡适量加入川盐和牛油。每一食者备一鸡蛋清，芝麻油加味精调成的味碟，供蘸食用。

9. 干烧岩鲤

① 原料配备：岩鲤 1 尾（约 1000 克），火腿肥膘肉 125 克，郫县豆瓣 50 克，醪糟汁 50 克，绍酒 50 克，泡红辣椒 40 克，姜 40 克，葱 50 克，蒜 50 克，川盐 5 克，味精 5 克，白糖 5 克、醋 5 克，肉汤 750 克，熟菜油 2000 克（约耗 150 克）。

② 操作程序：将净岩鲤身两侧各剞五六刀（刀距 3 厘米、深 0.5 厘米），用川盐 3 克、绍酒抹匀全身，腌渍入味。火腿、葱均切成粒，姜蒜切成碎粒，泡辣椒、郫县豆瓣剁细。

炒锅置旺火上，下菜油烧至七成热，放入鱼炸至皮稍现皱纹时捞起。锅留油50克烧至四成热，下泡辣椒、豆瓣炒香出色，加入肉汤烧沸，出味后打去渣不用。将鱼和火腿粒放入；加姜、蒜、川盐2克、醪糟汁、白糖，移至小火上𤆵至汁将干、鱼熟入味时，加味精、醋、葱，把锅提起轻轻摇动，同时不断将锅内汤汁舀起，淋在鱼身上，至亮油不见汁时，起锅盛入条盘即成。

③ 特点：风味独特，味浓厚，质地细嫩腴美。

10. 鱼香肉丝

① 原料配备：猪瘦肉200克，净冬笋50克，水发木耳50克，葱花25克，蒜粒15克，姜粒10克，泡红辣椒20克，醋10克，川盐2克，酱油1克，白糖10克，湿淀粉25克，肉汤25克，混合油60克。

② 制作程序：选肥三瘦七的猪肉切成10厘米长、0.3厘米粗的丝。净冬笋、水发木耳切成丝，泡红辣椒剁茸。把肉丝盛入碗内，加川盐1克、湿淀粉20克拌匀。另取一碗放白糖、川盐、醋、酱油、肉汤、湿淀粉兑成味汁。

炒锅置旺火上，下混合油烧至六成热，下入肉丝炒至散开发白，加入泡红辣椒、姜粒、蒜粒炒香上色，再加入冬笋丝、木耳丝、葱花炒匀，烹入滋汁颠翻几下收汁亮油，起锅装盘即成。

③ 特点：色泽红亮，肉丝咸甜酸辣兼备，鱼香鲜味浓郁。

11. 水煮牛肉

① 原料配备：净牛腰柳肉200克，蒜苗100克，莴笋尖100克，芹菜100克，姜米5克，蒜米5克，郫县豆瓣100克，干辣椒10克，花椒3克，川盐4克，酱油10克，肉汤500克，绍酒5克，湿淀粉60克，味精1克，混合油150克。

② 操作程序：将牛肉横筋切成长 4 厘米、宽 2.2 厘米、厚 0.2 厘米的片。蒜苗、芹菜切成 10 厘米长的段，莴笋尖切成片。

炒锅置火上，下入混合油 25 克烧热，再下干辣椒炸至稍变色，加花椒稍炸起锅，在案板上用刀铡成刀口花椒、辣椒待用。

炒锅置火上，加混合油 25 克烧热，下蒜苗、芹菜、莴笋尖炒断生，放盐 1 克，起锅装盘垫底。

炒锅置旺火上，下混合油 50 克烧至四成热，放郫县豆瓣炒香，加姜末、蒜末炒香后，下肉汤烧沸出味后，打去粗渣，加川盐 1 克、酱油 10 克炒匀。牛肉片用绍酒、盐 1 克、湿淀粉码匀抖散下锅，用筷子轻轻拨散，待牛肉伸展熟透、汤汁浓稠后，起锅舀在菜上，把铡细的辣椒、花椒撒在上面，再淋上烧至七成热的混合油即成。

③ 特点：麻、辣、烫、鲜、香，川菜味十足。

12. 灯影牛肉

① 原料配备：精黄牛肉 500 克，川盐 5 克，白糖 5 克，花椒粉 5 克，辣椒粉 10 克，绍酒 50 克，五香粉 2 克，味精 1 克、姜 20 克，芝麻油 5 克，熟菜籽油 500 克（约耗 100 克）。

② 操作程序：选用牛后腿上的腱子肉，用刀片去浮皮，修尽污处，但忌用水清洗，否则，晾置时间要较长，牛肉易腐败。切去边角，将其滚片成厚薄均匀一致的大片，放在菜板上铺平，均匀地撒上炒干水分的川盐，裹成圆筒形，晾至牛肉呈鲜红色（夏天约晾 14 小时，冬天需晾 4 天）。

将晾好的牛肉散开，平铺在钢丝架上，放进烘炉内，用木炭火烘干。然后上笼蒸约 30 分钟取出，趁热切成 4 厘米长、3 厘米宽的小片，再入笼蒸约 1 小时取出。

炒锅置旺火上，下熟菜油烧至七成热，放姜（拍破）炸出香味打去，待油温降至三成热时，将锅移至小火上，放入牛肉片慢慢炸透，滗去多余的油，烹入绍酒拌匀，再加辣椒粉、花椒粉、白糖、味清、五香粉颠翻均匀，起锅晾凉，淋芝麻油即成。

③ 特点：片大薄如纸，色红润发亮，质地柔韧，细嚼爽口化渣，麻辣而鲜香，回味悠长。

13. 麻婆豆腐

① 原料配备：豆腐400克，牛肉75克，青蒜苗段15克，豆豉5克，郫县豆瓣10克，辣椒粉5克，花椒粉2克，酱油10克，川盐4克，味精1克，湿淀粉15克，姜粒10克，蒜粒10克，肉汤120克，熟菜油100克。

② 操作程序：将豆腐切成2厘米见方的块，放入沸水内，加川盐2克浸泡片刻后沥干水。牛肉剁成末，郫县豆瓣剁细。

炒锅置中火上，下熟菜油烧至六成热，放入牛肉煸炒至酥香，续下豆瓣炒出香味后，下姜蒜粒炒香，再放入剁茸的豆豉炒匀，下辣椒粉炒至色红时，加肉汤烧沸，再下豆腐用小火烧至冒大泡时，加入味精推转，用湿淀粉勾芡，使豆腐收汁上芡亮油，下蒜苗烧至断生后起锅装盘，撒上花椒粉即成。

③ 特点：豆腐细嫩形整，牛肉末酥香鲜美，集麻、辣、烫、嫩、酥、鲜、香于一馔。

14. 鸡豆花

① 原料配备：鸡脯肉125克，熟火腿末5克，鲜菜心5根，清汤1500克，鸡蛋清4个，湿淀粉40克，川盐3克，味精1.5克，胡椒粉0.5克。

② 操作程序：将鸡脯肉去筋，捶成细茸，盛入碗内，加清水50克及鸡蛋清、湿淀粉、胡椒粉、川盐2克，搅成鸡浆。

鲜菜心放入沸水内焯一下,用清水漂凉,修整齐。

炒锅置旺火上,放入清汤1300克加川盐烧沸,再将鸡浆加冷清汤调稀搅匀倒入锅内,轻轻推动几下,烧至微沸,将锅移至小火上冲10分钟,待鸡浆凝成雪花状时,先在大汤碗内放入菜心,再将鸡豆花舀在其上。锅内清汤加味精注入碗内,最后在豆花面上撒火腿末即成。

③ 特点:色泽洁白,成团不散,质地细嫩,咸香鲜美。

15. 夫妻肺片

① 原料配备(制50份汁):牛肉2500克,牛杂(肚梁、心、舌、千层肚、头皮)2500克,盐炒花生仁150克,卤水2500克,酱油150克,芝麻粉100克,花椒粉50克,味精5克,八角4克,花椒5克,肉桂5克,川盐125克,白酒50克,辣椒油150克。

② 操作程序:将鲜牛肉、牛杂洗净,牛肉切成500克重的块。花生仁剁碎。

将牛肉、牛杂放入沸水锅内煮净血水捞起,置另一锅内,加入老卤水,放入香料包(内装花椒、肉桂、八角)、川盐、白酒,再加清水4000克左右,用旺火烧沸约30分钟后,改用小火煮1.5小时,转用小火煮至牛肉、牛杂熟烂,捞出晾凉。

卤水用旺火烧沸,约10分钟后,盛500克入碗中,加入味精、辣椒油、酱油、花椒粉调成味汁。

将晾凉的牛肉、牛杂等切或片成约6厘米长、3厘米宽的薄片,混合在一起,淋上味汁拌匀,分盛50盘,分别撒上芝麻粉和花生仁末即成。

③ 特点:质地烂软,脆爽兼备,味道麻辣鲜香。

16. 回锅肉

① 原料配备:猪腿肉400克,青蒜苗100克,郫县豆瓣

25 克，甜面酱 10 克，酱油 10 克，混合油 50 克。

② 操作程序：将肥瘦相连的猪腿肉刮洗干净，放入汤锅内煮至肉熟皮软为度，捞出冷透后，切成 5 厘米长、4 厘米宽、0.2 厘米厚的片。青蒜苗切成马耳朵形。

炒锅置旺火上，放入猪化油烧至六成热，下肉片炒至吐油、呈灯盏窝状时，下剁茸的郫县豆瓣炒上色，放入甜面酱炒出香味，加入酱油炒匀，再放入青蒜苗炒断生起锅即成。

③ 特点：色泽红亮，肉片柔香，肥而不腻，味咸鲜微辣回甜，有浓郁的酱香味。

粤　菜

一、筵席实例

(一) 燕翅席菜单

1. 花拼：像生冷拼盘（带花蕊胗肝、京都熏鱼、卤水猪脷、五彩皮蛋、上洋肉松、青瓜皮虾等六围碟）

2. 十大热菜：①清汤官燕；②滑鸡丝生翅；③海参扒大鸭；④榄仁鲜虾丸；⑤冬瓜炖田鸡；⑥茭笋姆鱼片；⑦发菜焖蚝豉；⑧果汁煎猪排；⑨碧绿三拼鲈；⑩香蕉鲜粟泥。

3. 点心：①叉烧包；②翡翠烧麦。

4. 面食：香煎碎锦饭。

(二) 鱼翅席菜单

1. 凉菜：①白切鸡；②潮州冻肉；③鹌鹑松；④烤叉烧；⑤白云猪手；⑥凤尾鱼；⑦煎明虾；⑧腰果酪。

2. 四双炒：①咕咾肉拼榄仁鸡丁；②花干贝拼菜远虾球；③方鱼片拼酥炸禾虫；④白灼螺片拼麦德花鱿。

3. 大菜：①蟹黄鱼翅；②片皮乳猪（带千层饼）；③香滑鲈鱼球；④竹丝鸡会五蛇（带鸡肉包）；⑤蒜子瑶柱脯；⑥拔丝香蕉；⑦时果西瓜盅（带春卷）；⑧花盏琵琶鸭；⑨清蒸鲈鱼。

4. 汤品：清汤鱼肚。

5. 饭点：广州炒饭。

（三）鱼翅席菜单

1. 四双拼：①白鸡拼烤鸭；②叉烧肉拼卤口条；③拌猪肚拼熏鱼；④蜇皮拼松花。

2. 四热荤：①玉簪田鸡腿；②五彩炒蛇丝；③蚝油扒双脚；④脆皮炸大肠。

3. 六大菜：①红烧大裙翅；②蚝油网鲍片；③广式扒大鸭；④广州文昌鸭；⑤西汁焗乳鸽；⑥清蒸大鳞鱼。

4. 甜汤：银耳鲜橙露。

5. 面点：鸡丝伊府面。

6. 四美点：①鲜奶鸡蛋挞；②蚝油叉烧包；③香炸清酥盒；④鲜虾蒸粉果。

7. 四名果：①菠萝；②芒果；③龙眼；④椰子。

（四）便餐席菜单

1. 七小碟：①盐焗鸡；②卤牛肉；③炸腰果；④蚝油西兰花；⑤炝青椒；⑥鹌鹑松；⑦卤鸭胗。

2. 七大菜：①鳖肚炖山瑞；②雪月映红梅；③生炒水鱼丝；④鲜菇扒鹑蛋；⑤海参锅巴汤；⑥凤肝香螺片；⑦清蒸边鱼。

3. 饭食：①花卷米粉肉；②香面蚝牛肉。

4. 水果：①香蕉；②广柑。

二、特色菜

1. 蟹黄鱼翅

① 原料配备：煨净鱼翅450克，蟹黄150克，蟹肉75克，上汤1.75千克，猪油90克，湿淀粉50克，火腿茸5克，绍酒25克，味精10克，精盐3克，胡椒粉0.1克。

② 操作程序：用瓦碗盛着蟹黄，再用汤羹把蟹黄磨烂，加上汤15克、胡椒粉、猪油再磨匀。

武火烧锅加猪油，赞绍酒，加入上汤和鱼翅、蟹肉、味精、精盐，滚后下湿淀粉推匀，端离火位，加蟹黄、包尾油上窝，撒上火腿茸即成。

③ 特点：甘香软滑，味鲜美，营养丰富。

2. 蚝油网鲍片

① 原料配备：煲焓燸好鲍鱼400克，蚝油15克，味精5克，湿淀粉10克，上汤200克，老抽10克，白糖2.5克，猪油6.5克，麻油0.5克，胡椒粉0.1克，绍酒15克。

② 操作程序：用刀把鲍鱼底片去，再片成水波形，去枕边。

武火烧锅下油，放入鲍鱼片，赞酒落汤加老抽、白糖、味精、胡椒粉、蚝油、湿淀粉调匀，再加麻油，包尾油，上碟便成。

③ 特点：味鲜浓郁，营养丰富。

3. 鳖肚炖山瑞

① 原料配备：湿鳖肚300克，净山瑞750克，火腿粒25克，瘦肉100克，上汤750克，清水750克，湿冬菇25克，姜15克，葱条10克，绍酒50克，味精10克，精盐3克，胡椒粉0.1克，油30克。

② 操作程序：先将净山瑞斩件滚过，洗净剔去黄膏等。瘦肉粒滚熟捞起待用。

武火烧锅下油，落葱1条，姜1片，同山瑞爆炒，赞绍酒25克取出。

取大锅1只，先放入瘦肉、火腿垫底，山瑞在面，再放上湿冬菇、葱1条、姜1片，加绍酒25克、味精10克、精盐1克、沸水750克同炖，至焾取起，去掉瘦肉、火腿（亦可不去）和姜葱。把原汤滤过，再放回窝内，加入上汤750克。起菜时，把山瑞回笼返炖，再把切好的鳖肚滚煨后，放入炖好的山瑞面上，加胡椒粉即成。

③ 特点：味鲜浓滑，营养滋补。

4. 五彩炒蛇丝

① 原料配备：熟蛇丝200克，叉烧丝50克，湿菇丝50克，熟姜丝15克，笋丝25克，韭黄50克，鸡蛋1只，炸粉15克，胡椒粉0.5克，湿淀粉7.5克，生油1千克。

② 操作程序：将粉仔炸好。把鸡蛋打烂，加入各种食用色素打匀，随即倒入密笊篱，使蛋流入沸油锅中，再用筷子拌匀捞起，用白毛巾包好，捏干油分，即成蛋丝。

起锅落油，将笋丝爆过，再将上述原料一齐放入锅中炒熟（韭黄后下），用湿淀粉打芡加包尾油，撒上胡椒粉，炸粉落碟底，蛇丝在面，蛋丝伴边便成。

③ 特点：色鲜味美，甘香可口。

5. 竹丝鸡烩五蛇

① 原料配备：五蛇壳1副（用拆起蛇肉300克），竹丝鸡1只，生鸡丝50克，浸发广肚丝100克，浸发北菇丝50克，浸发木耳丝50克，水泡姜丝100克（滚熟漂清辣味），薄脆100克，柠檬叶丝10克，菊花4朵，竹蔗250克，龙眼肉10

克，旧陈皮 3 克，原身蛇汤 750 克，上汤 750 克，二汤 200 克，味精 15 克，精盐 9 克，老抽 5 克，猪油 100 克，白酒 15 克，绍酒 20 克，鸡蛋白 10 克，胡椒粉 0.15 克，湿淀粉 30 克，生葱 4 条，生姜 50 克。

② 操作程序：将蛇壳洗净，放入砂锅内，加清水 2.5 千克、生姜、旧陈皮、竹蔗、龙眼肉，以文火煲约 20 分钟（视蛇老嫩而定）取起，把蛇壳从头至尾轻轻退出蛇肉，将蛇骨放回砂锅内，同时加入已宰好的竹丝鸡，再煲约 1 小时，待鸡熟透后，捞起竹丝鸡，取鸡腿肉和鸡皮 200 克撕成丝状（其余留作别用），去掉蛇骨、竹蔗、龙眼肉、生姜及陈皮俱切幼丝，并将砂锅内的汤用洁白毛巾滤过，留作烩蛇用。

把蛇肉切成长约 5 厘米肉块，撕成丝状。武火起锅，落猪肉 40 克，放入味精 2.5 克、精盐 2.5 克、白酒 15 克、生姜 3 片、生葱 2 条，把蛇丝爆过，用瓦钵盛着（拣掉葱、姜），加入蛇汤 250 克，放进蒸笼蒸 1 小时。

把广肚丝用水滚过，捞起去水。武火起锅，落猪油 10 克，加精盐 2.5 克、绍酒 10 克、生姜 2 片、生葱 2 条、二汤 200 克，放入肚丝，滚后倒出，滤干水分（葱、姜不要），把木耳丝放入锅内，用沸水滚过，捞起滤干水分。将生鸡丝用鸡蛋白、马蹄粉拌匀，文火泡油后取出。

武火起锅，放入猪油 15 克、绍酒 10 克，加入蛇汤、上汤，煮沸后加北菇丝、广肚丝、木耳丝、熟鸡丝、姜丝、陈皮丝、蛇丝、生鸡丝和精盐 4 克、老抽、味精 12.5 克，用湿淀粉打芡，加尾油拌匀便成。另跟薄脆、柠檬叶丝、菊花（净瓣）上席。

③ 特点：美味香浓，祛风去湿。

6. 干煎虾脯

① 原料配备：虾胶 500 克，猪油 300 克（耗 50 克），生油 200 克（耗 25 克）。

② 操作程序：用碟 1 只，载上生油 200 克，然后将虾胶分成 24 件，挤成丸状，稍压成棋子形，每个约 20 克，放在油碟上待用。

用猪油 100 克搪锅，把虾脯连油落锅半煎炸至金黄色即成。另跟淮盐、喼汁。

③ 特点：肉鲜爽脆。

7. 蒜子瑶柱脯

① 原料配备：瑶柱 250 克，蒜子 100 克，绍酒 15 克，精盐 0.5 克，老抽 1 克，蚝油 2.5 克，胡椒粉 0.05 克，上汤 50 克，湿淀粉 5 克，糖 0.5 克，麻油 0.5 克，姜片 2 件，葱 2 条，油 250 克，耗油 50 克。

② 操作程序：将瑶柱去枕洗净（要轻手，防止柱身松散），排叠在碗中，加入清水、精盐。

武火烧锅下油，将切去头尾的蒜子肉炸透，取出用开水加盐滚过，放在瑶柱面上，再加入绍酒 7.5 克、姜片、葱条，入蒸笼炖 1 小时至焾，取出待用。

上菜前先把炖好的瑶柱回笼蒸热，倒出原汁，覆盖碟中，撒上胡椒粉。武火烧锅下油，赞绍酒，放入原汁、上汤、老抽、麻油、湿淀粉打芡，加包尾油，淋在瑶柱面上便成。

③ 特点：香甜味浓。

8. 白灼螺片

① 原料配备：净大螺肉 500 克，二汤 750 克，猪油 50 克，麻油 0.5 克，绍酒 25 克，葱条 25 克，姜件 10 克，虾酱 20 克，蚝油 20 克。

② 操作程序：将净螺肉片成每件厚约 3 毫米。武火起镬，

落猪油 25 克，放进姜、葱，赞绍酒 10 克，加汤，滚后去掉姜、葱，然后放进螺片，灼至九成熟，用疏壳载起。

用猪油 25 克起锅，净螺片放入锅中，赞绍酒、加麻油，迅速上碟即成。另跟赞油虾酱、虾油各两碟。

③ 特点：螺肉鲜嫩，清鲜爽口。

9. 香滑鲈鱼球

① 原料配备：净鲈鱼肉 500 克，精盐 4 克，白糖 1.5 克，味精 4 克，绍酒 10 克，葱段 5 克，姜花 2.5 克，上汤 100 克，湿淀粉 7.5 克，麻油 0.5 克，猪油 1 千克。

② 操作程序：将净鲈鱼肉直纹切成曰字形（长 6 厘米、宽 3 厘米、厚 6 毫米），用精盐 1 克拌匀。

武火烧锅，放猪油 250 克，搪镬后倒回，再倒猪油 1 千克，烧至七成热，放入鲈鱼球泡油，八成熟捞出，滤去猪油。快手将铁镬放回旺火炉上（因时间太久，肉会糜烂），加入葱段、姜花，赞绍酒，落上汤、味精、白糖、精盐 3 克，后落鲈鱼球，用湿淀粉打芡，加入麻油、包尾猪油 25 克拌匀即成。

③ 特点：色白味鲜而爽滑。

10. 清蒸大鳜鱼

① 原料配备：宰净原条鳜鱼 750 克，料菇 25 克，火腿片 15 克，生葱条 2 条，姜花 2.5 克，精盐 7.5 克，上汤 250 克，味精 7.5 克，猪油 100 克，湿淀粉 7.5 克，胡椒粉 0.25 克，麻油 0.5 克。

② 操作程序：将鳜鱼洗净，用布抹干内外肚身，擦上精盐 4 克，用长碟一只盛载，鱼底垫两条葱。另将姜丝、菇丝摊在鱼身上，加入猪油 25 克，再将鱼放入蒸笼，用武火蒸熟，取出上碟，倒出原汁，去掉葱条，加上火腿丝，撒上胡椒粉。

武火烧锅下猪油 25 克，至沸，淋在鱼身上，再赞酒，放入上汤、味精、盐、麻油、湿淀粉推芡，加油 50 克，淋鱼身上便成。

③ 特点：鲜甜美味，肉滑清香。

11. 广州文昌鸡

① 原料配备：光鸡 1 只 750 克，鸡肝 250 克，熟火腿 65 克，生菜胆 400 克，精盐 5 克，味精 6.5 克，湿淀粉 15 克，白糖 2.5 克，上汤 250 克，猪油 75 克，绍酒 15 克，麻油 0.5 克。

② 操作程序：将光鸡用沸水浸至仅熟取起，待冷却后起肉去骨，切成长日字形，再将生鸡肝 250 克洗净去污，用沸水浸熟，亦切成长日字形，继把熟火腿 65 克切成长日字形，与每件鸡肉同排成鱼鳞状，用碟盛载，分砌 3 排，每排 8 件，再将鸡头、翼、尾等摆回鸡的形象，放进蒸笼回热。

用猪油 20 克起锅，赞绍酒 5 克，加精盐 2 克，落生菜胆炒熟，滤干水分。再用猪油 20 克起锅，赞绍酒 5 克，加入熟生菜胆、精盐 1.5 克、味精 1.5 克、白糖 1 克、上汤 25 克，用湿淀粉打芡炒匀，取起伴在鸡的四周。

用猪油 20 克起锅，赞绍酒 5 克，加上汤 225 克、精盐 1.5 克、味精 5 克、白糖 1.5 克和匀，用湿淀粉打清芡，加包尾油 15 克和麻油，淋在鸡上便成。

③ 特点：甘香软滑美观。

12. 蚝油扒双脚

① 原料配备：鸡脚 3 对，鸭脚 3 对，葱条 2 根，生姜 1 块，湿淀粉 10 克，滚水 750 克，绍酒 15 克，精盐 1.5 克，蚝油 10 克，味精 1.5 克，深色酱油 10 克，胡椒粉 0.05 克，猪油 25 克，八角 1 粒，花椒 0.05 克。

② 操作程序：将鸡、鸭脚剥去表皮，擦洗干净。

用油起锅,将葱条、姜块、鸡鸭脚一起放在锅中爆透,赞入绍酒,随即倒在瓦罉里,加入上述各味料、药材及滚水,盖上锅盖,以中火煲焗至焾,取起用碗扣好,覆放在碟上,将原汁 125 克放在锅中,撒上胡椒粉,用湿淀粉打芡,最后加上包尾油 10 克和匀,淋在鸡鸭脚上便成。

③ 特点:骨香浓滑。

13. 脆皮炸大肠

① 原料配备:猪大肠 2500 克,葱花 1.5 克,辣椒末 0.5 克,蒜茸 0.5 克,湿淀粉 4 克,糖醋 100 克,麻油 0.05 克,生油 500 克。

② 操作程序:将猪大肠洗净,放在滚水里焓焓捞起,转放在白卤水中浸 20 分钟,取起滤去水分,随后落糖浆捞匀,用叉烧环穿着,挂在阴凉的地方晾干。

烧锅下油,将晾干的大肠放在油里,炸至呈红色,以皮脆为度。捞起切开成两半后,再切为块,砌放在碟中(如山形)。

利用锅中余油,将料头(葱花、辣椒末、蒜茸)放在锅中,注入糖醋,用湿淀粉打芡,加上麻油和匀,倒在小碗内,跟大肠一起上席。

③ 特点:皮脆肉香。

14. 西什焗乳鸽

① 原料配备:肥嫩乳鸽 2 只,果露汁 50 克,味精 7.5 克,生老抽 50 克,上汤 150 克,白糖 20 克,喼汁 25 克,绍酒 25 克,脆片 12 件,生油 1 千克。

② 操作程序:将乳鸽宰好,褪毛去内脏,洗净后以绍酒、酱油擦匀鸽身,腌 3 分钟。随即起锅落油,把鸽炸约 5 分钟捞起。

将原铁锅的油倒入油盆，再将鸽放入锅内，赞绍酒爆透，下果露汁、味精、白糖、上汤等焗熟取出。然后切下头颈和两翼，每翼切成 2 块，腿则原只切下，鸽身切成 8 块，在碟摆成飞鸽形，淋回原汁即成。

③ 特点：肉香可口。

15. 玉簪田鸡腿

① 原料配备：菜花（芥蓝菜）300 克，田鸡腿 200 克，姜花 2.5 克，火腿条、笋条各 20 克，芡汤 35 克，精盐 3.5 克，绍酒 10 克，味精 2.5 克，白糖 0.5 克，生粉 5 克，湿淀粉 10 克，胡椒粉 0.1 克，麻油 0.5 克，猪油 500 克（耗 75 克）。

② 操作程序：将田鸡腿脱出柱骨，套入火腿条（即火腿条串田鸡腿肉）。武火烧锅下油，加精盐 1.5 克，炒菜至恰熟，倒在疏壳里待用。

用芡汁 35 克、白糖 0.5 克、味精 2.5 克、盐 2 克、胡椒粉 0.1 克、麻油 0.5 克、湿淀粉 10 克调成碗芡。

将田鸡腿用生粉拌匀，沸水浸过，滤干水分，用武、文火将田鸡腿泡油至熟，倒入笊篱里，随即下料头、菜花、田鸡、绍酒、落碗芡炒匀，加油便成。

③ 特点：清爽可口。

16. 雪月映红梅

① 原料配备：改好刀的胗球 225 克，鹌鹑蛋 12 只，干雪耳 5 克，川汤料共 150 克，上汤 1.5 千克，猪油 25 克，二汤 750 克，味精 10 克，精盐 5 克，绍酒 5 克，胡椒粉 0.2 克。

② 操作程序：将味碟 12 只扫油，再把鸽蛋打开，分别放进味碟里。

用清水把雪耳浸透焗过，剪去杂物，滚煨后剪开。

把鸽蛋用文火蒸至将熟,随即把雪耳放在蛋面,再蒸至熟,凉后取出。

起锅落油,赞酒,加川汤料滚过取起,放入窝内。把胗球滚熟,排上料面,撒上胡椒粉,将鸽蛋伴胗球边。

把上汤加味精、精盐烧滚,去浮沫,淋入窝里便成。

③ 特点:爽而味清鲜。